地域が生まれる、資源が育てる

エリアケイパビリティーの実践

勉誠出版

目次

序章　エリアケイパビリティー（Area-capability：ＡＣ）発想への道……石川智士　9

第１部　ＡＣのもたらす可能性：沿岸域における地域資源活用事例

第１章　フィリピン・バタン湾のエビ放流とＡＣ……黒倉　壽・伏見　浩・石川智士　27
第２章　浜名湖のつくる漁業……伏見　浩・渡辺一生　55
第３章　厚岸のホッカイエビカゴ漁……濵田信吾　81
第４章　タイ国ラヨーン県の村張り定置網導入……有元貴文・武田誠一・馬場　治・吉川　尚　95

第5章　タイ国サムットソンクラームのマングローブ
エコツーリズム……………………………………堀　美菜・宮田　勉　145
第6章　天草・通詞島のイルカウォッチングにみるACサイクル……………渡辺一生　157

第2部　AC的議論の意味

第1章　ACコンセプトを使った地域づくり……………渡辺一生　173
第2章　開発目標としてのAC……………………………黒倉　壽　181
第3章　環境のケアと人のケア………………………………西　真如　199
第4章　生存基盤論とAC……………………………………河野泰之　205
第5章　ACの発現と向上――サステナビリティーに代わる地域発展の可能性を求めて
……………………………………………………清水　展・渡辺一生　215

座談会　ＡＣの達成と可能性……有元貴文・黒倉　壽・河野泰之・伏見　浩・宮田　勉・渡辺一生　231
おわりに……石川智士・渡辺一生　262
謝　辞……267
執筆者一覧……271

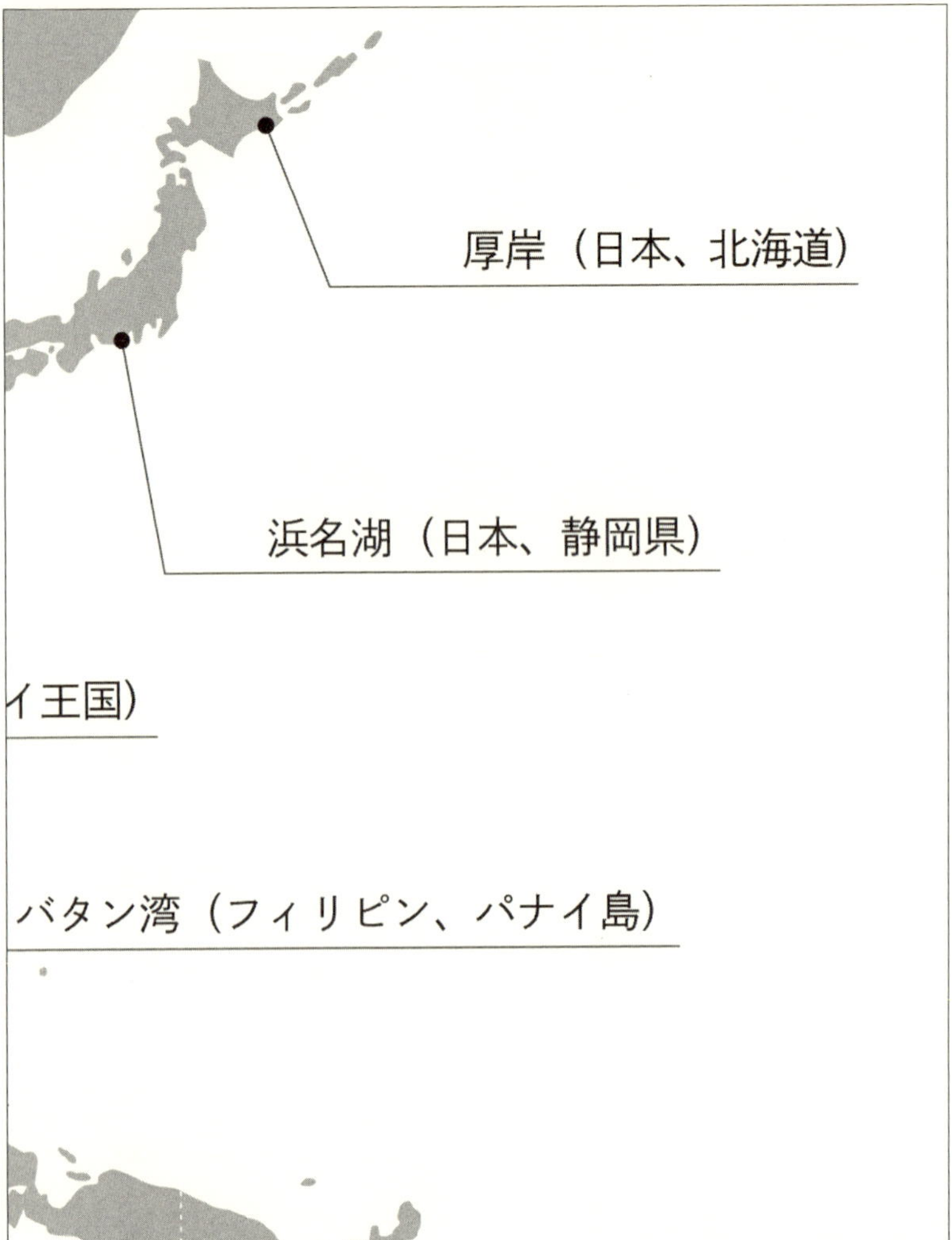

本書で扱う地域の全体地図

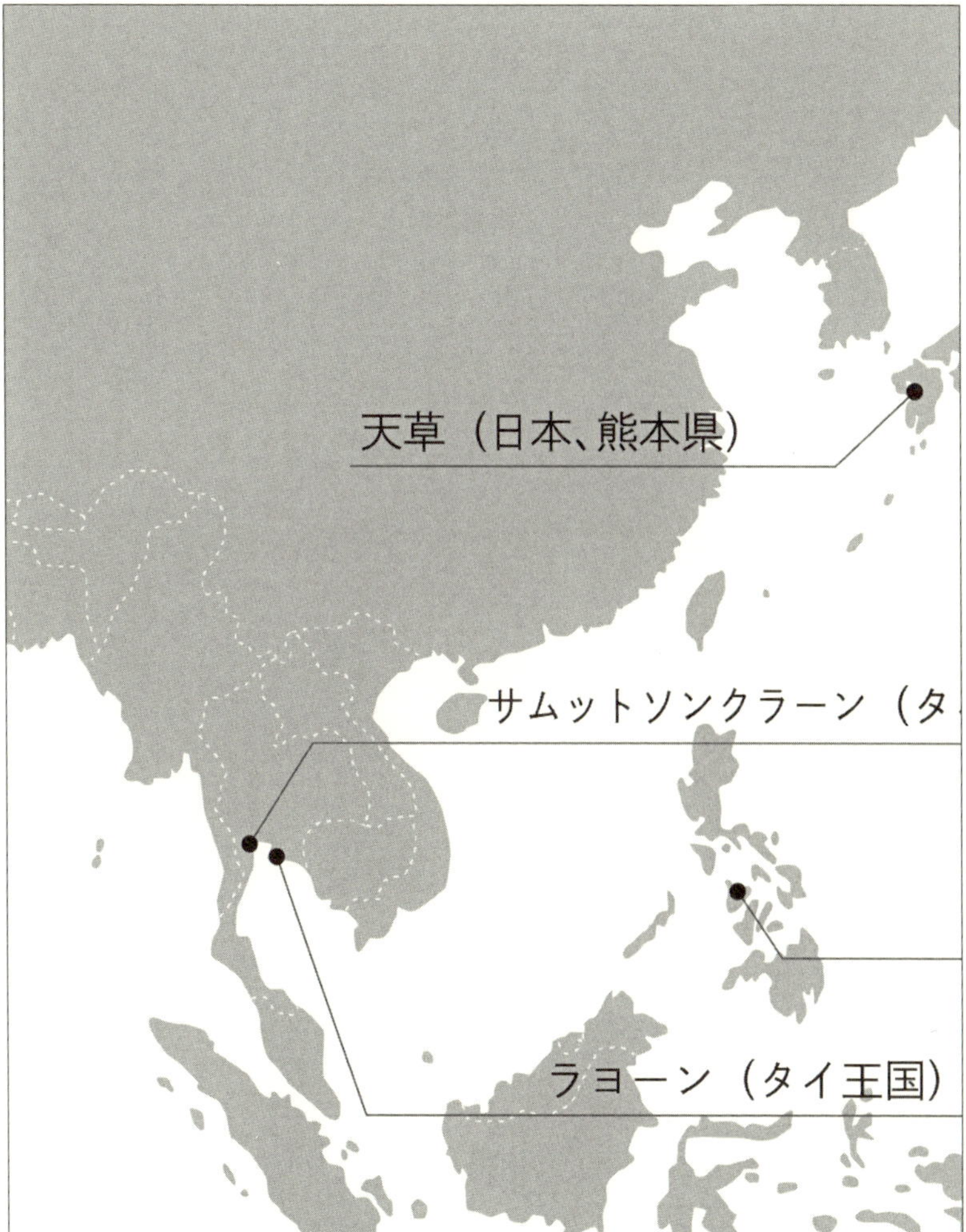
天草（日本、熊本県）
サムットソンクラーン（タ
ラヨーン（タイ王国）

地域が生まれる、資源が育てる——エリアケイパビリティーの実践

序章　エリアケイパビリティー（Area-capability：ＡＣ）発想への道

石川智士

自然と共に生きるとはどういうことか？

東京生まれの埼玉育ち、海なし県の住宅街で育った私が、海の魅力や海辺の町に興味を抱いたのは、大学で水産学を学び、瀬戸内海で漁船に乗って漁師の方の間で網を曳いた時からだろう。1995年前後に、瀬戸内海のシラス（通常はカタクチイワシの仔稚魚）にマイワシの稚魚が混ざるようになり、その対策立案のために現状把握の調査を行った。若かりし日の私は、農学や水産学は実学であり、研究成果は産業の役に立つものだと固く信じて、広島湾のパッチ網漁船に乗船させてもらい、一網毎に標本を集める作業をしていた。ただ、学術研究が産業に直接的に役立つといった妄想は、漁船に乗ってすぐに打ち砕かれた。一網一網が生活の糧となる漁の現場では、標本収集や学術調査は邪魔なものでしかなく、論文として発表される研究成果は、漁師の方々にとってはほとんど意味のないものであった。今になって考えれば、生活が懸かる現場と学術研究の間には緊急性と役割に大きな違いがあることは簡単に想像できるのだが、大学や学術界の中だけに身を置いていると、そのことすら気づかないでいた。2年間のシラスの研究は、瀬戸内海中央域におけるマイワシの産卵を確認することなどの成果を上げたが、それ以上に、実学のあり方や漁業者や現場と協力することの難しさと重要さを深く認識する機会を与えてくれた。

漁船に乗り始めた頃は、単なるお荷物で船に身の置き場はなかった。漁業者の方々の邪魔にならないように、船の隅でおとなしくしている日々であった。標本採集は毎月2回程度行っていたが、始まって2カ月くらいした頃に、一緒に網を曳いてみないかとのお誘いを受けた。まだ若く体力には自信があった私は、勢いよく揚網の列に並んだ。ただ、単に網を曳くといっても、網の構造を理解して他の人とタイミングを合わせて曳かなければ、網はうまく上がらない。ましてや、力づくに網をつかんでいるようでは、すぐに握力がなくなってしまう。最初の2回程度は、10分もしない内に後ろに下がっていろと怒鳴られてしまった。その後はどうやって漁師の皆さんが網を曳いているのか、邪魔にならないように観察した。網は、船の揺れに合わせて引っ張るもので、腕力ではなく体全体で引っ張るものだということや、網はつかむのではなく小指から薬指にうまくからませることなどが分かった。また、網は、むやみに曳くのではなく、最初は下の網、次に上の網といった具合に、取れている魚の量や網の形を見ながら揚網していくのである。網が曳けるようになると、船でのムードは大きく変わった。標本採集も、こちらがお願いしなくとも、揚網の度に別に取っておいてくれた。「兄ちゃん、いつまで勉強するんか？　早く学校やめて島で船に乗れ！　兄ちゃんならいつでも雇うぞ！」と言われたときの船での昼飯の味は、今でも忘れられない。

網が曳けるようになり、漁師の方とも仲良くなっていったが、彼らとの距離が最も縮まったのは、おそらく船番で夜を明かしたときだろう。標本採集を予定していた日の前後に、台風の通過予報が出ており、漁協からは明日は漁には出ないかもしれないとの連絡を受けた。ただ、しばらく漁に出ておらず、できれば標本がほしかった私は、それでも港まで出かけることにした。その日は残念ながら出漁は見合わせることとなったのだが、港では強風や高潮に備えて船を陸揚げしたり、ロープで固定するなどの作業が行われていた。私もこれらの作業を手伝い、また、夜の見張りも一緒に過ごした。このとき以降、毎月の標本採集はとても楽しいものとなった。台風や強風が吹くと言われれば、船を守り、漁はひかえる。当たり前のことかもしれないが、街暮らしでは、これほどまでに自然や天気を気遣うことは無い。学習し研究するのではなく、海を見て、空を見て、魚を探し、網を打つ、この生活に組み込まれた自然や環境への気遣いこそが、自然と共に生きるということであることを、この時に学んだ。

マレーシアで感じた自然の恵みの意味

もっと実学として専門知識を現場で活用したいと思った私は、大学を辞めＪＩＣＡ専門家として、マレーシアにある東南アジア漁業開発センター水産資源開発管理部局（ＳＥＡＦＤＥＣ／ＭＦＲＤＭＤ）へ赴任した。それまでの研究で培った、魚の年齢と成長に関する調査方法や資源構造把握のための遺伝解析技術を教えるのが私の役目であったが、同時に、東南アジア各国の水産資源管理に関する調査研究にも携わる機会を得た。この時の経験が、後に本書で紹介されているタイでの定置網導入の事業やフィリピンでのエビ放流事業に関わるきっかけとなっており、ＡＣを発想する契機となった。

私の任地は、半島マレーシアの東側、南シナ海に面したクアラトレンガヌという町であった。マレーシアの中でもイスラーム色が強く、また、最も開発が遅れた町といわれていた。一方で、治安が良く、自然も豊かな町であり、子育て最優先のマレーシアでの生活は、それまでの発展という考え方を見直すには十分な刺激を与えてくれた。中でも、子供が普通に歩き回る職場や子供が熱を出したと、局長との面談を欠席する職場に驚いた。また、局長が担当職員の欠席理由を聞いて、子供が熱を出したなら当然だと対応したことにさらに驚いた。現地では、このように家族最優先、子供最優先の仕事の仕方をしたとしても、誰も困らないし、仕事が滞ることは無かった。日本とは仕事量が違うと思われる方もいるかもしれないが、であるなら、多すぎる仕事量自体が日本の問題だろう。当時のマレーシアの感覚を基準に考えれば、家族より仕事を優先しなければならないほどの仕事を抱えなければならない日本の社会は、どこかずれていることになる。

クアラトレンガヌは、マレーシアの中でもドリアンの産地として有名である。ドリアンの時期になると、町のはずれにある市場には、山のようにドリアンが積まれ、町中がドリアンの臭いに包まれる。この地域のドリアンは、小ぶりで実も薄いが、甘さは格別である。ドリアン嫌いの方は、是非トレンガヌのドリアンを現地で食べていただきたい。きっとドリアンがなぜ果物の王様と呼ばれるか理解できると思う。ドリアン以外にも、ランブータンやマタクチン、様々な種類のマンゴーなど、町のいたるところで見ることができる。当時、職場の同僚が庭で獲れた果物を差し入れてくれたり、帰りに家に招いて彼の持っている山で獲れたドリアンなどをふるまってくれた。

トレンガヌ育ちの同僚は、大きな山に沢山の果物の木を植えていた。栽培しているわけではないが、時々に様々な果物が実っていた。彼の山の果物はとても品質が良く、もちろん無農薬であり、都市部に持っていけば高く売れるのではないかと思ったが、彼にはその気はないとのことであった。トレンガヌは、町は小さく、いたるところに果物がなっているので、儲けようと思ったら、隣町まで売りに行かねばならない。その輸送コストを考えると商売としては難しいとのことであった。また、少しのお金儲けよりも、仲間と山に入って果物を獲り、そして、知り合いや友人にふるまうのが、楽しみであり生きがいであるとも言っていた。自然が豊富で、果物が豊富だからこその考えだろうと思うと同時に、この貴重な友人との触れあいや共に生きることも、豊富な自然が提供してくれた恵みなのだと、ドリアンを食べながら考えていた。

トレンガヌでの経験で、もうひとつ印象に残っていることがある。それは、都市部の大学を出て、都市部でかなりの高収入を得ていた人が、あえてトレンガヌに戻ってきているということである。イスラームの教えに従い、煌びやかな生活を嫌うという考え方があるのかもしれないが、やはりトレンガヌの自然が好きであり、穏やかな生活を求めUターンをしていた。この人たちは、都会で仕事がないから地元に戻るのではなく、高収入の仕事を辞めて、仕事がなくても地元に戻っているのである。このような考え方は当時の私には無かったが、その後日本の大学で教えているときに、国内のUターンやIターンの現場でも、同じようなことを耳にした。一方で、国内の若者定住策について調べている時には、地元に仕事があってもその土地を去る若者が多い地域がある。田舎には仕事がないから若者が出ていくのだというのは、よく耳にする説明ではあるが、日本でもマレーシアでも、人口流出の要因は単に仕事の有無ではないのだろう。これからの対策を考える場合には、仕事の有無や果物や花などのモノとしての自然の恵み以外の、人と人の繋がりや生きがいといった精神的な恵みについても、もっと評価し考慮しなければならないことを、Uターンの若者たちが教えてくれた。

浜名湖のつくる漁業とタイの村張り定置網から学んだこと

マレーシア赴任以降、カンボジア、ラオス、ベトナムなどのアセアン諸国、パプアニューギニアや日本沿岸で国際協力や地域開発の仕事に携わるようになった私の頭には、日々の生活の中で自然を気遣うことの意味、物としての恵み以外の社会的影響を含めた自然がもたらす恵み、暮らしの豊かさといった視点が常にある。一方で、貧困にあえぐ人たちや都市部の経済発展から取り残された農山漁村部の人たちの生活を向上させるために、研究者や専門家は何ができるのか、何をしなければならないのかを自問自答していた（この問いについては、今でも問い続けている）。

そのような中で、マレーシアから帰国後に所属した東京大学大学院農学国際専攻の黒倉研究室にて、かつて浜名湖で実施されたクルマエビ資源を対象とした〝つくる漁業〟の話とそれをモデルにしたフィリピンのパナイ島北部バタン湾でのウシエビ放流を通じた地域振興のアイデアを知ることとなった。詳しい内容は、本書第1部第1章をお読みいただきたいが、国の事業として実施された浜名湖のクルマエビ放流事業では、県の職員（研究者）が行った技術開発や環境調査が、漁業者の収入を向上させ、環境への配慮を促し、地域のコミュニティー形成に貢献した。また、時期を同じくして、東京海洋大学の有元教授らが参加されていたタイへの村張り定置網導入事業について知ることとなった。こちらの詳しい顚末も、姉妹編第1部に述べられているが、東南アジア漁業開発センターの研究者が実施した定置網の導入が、小規模漁業者のグループ形成を促し、漁業資源に関する情報とデータの収集を可能とし、沿岸での暮らしに希望をもたらしていた。いずれの場合も、地域にある資源を数名の地元住民グループが活用することによって新たな収入源を得て、それが身の回りの資源やそれを支える自然への興味関心を高め、監視や調査の継続的な実施、そして保全活動へとつながっている。また、少人数の活動は、地域全体（コミュニティー）へと広がりをみせ、資源利用者グループは利用者コミュニティーへと変化を見せた。このような地域にある資源の利用によるコミュニティーの形成、そして、利用者による資源と自然への興味関心の高まり、監視や調査による現状把握、さらには資源増殖に向けた保全活動の展開といった一連の活動を推進することが、これからの資源や自然の壊滅的な破壊を伴わない開発には重要であると思う様になった。

地域資源を住民組織が利用することから開発と保全の両立を促す考えには、多くの人が、感覚的には、合意していただけると思う。しかし、この考え方を広めて、社会の在り方を変えるためには、さらに多くの事例を調べてモデル化し、学術的な成果として取りまとめなければならない。体系化されない知識や考え方は、文化や制度が異なる地域や社会では、受け入れてもらえない。これも海外での経験で学んだことのひとつである。

沿岸域から実学のあり方を見直す

資源を破壊せずに持続的に利用するためには、資源の管理が必要であると一般的にはいわれている。特に天然資源や生物資源の場合は、持続的な利用を目指して、資源の状態を評価し増殖速度を計算し、その増殖速度を超えないように利用すべきという考え方が広く受け入れられているだろう（横浜国立大学21世紀ＣＥＯ翻訳委員会　２００７：２４１頁）。簡単に言えば、毎年収穫した稲から、来年蒔く分の籾を残しておけば、持続的に利用できるという考え方である。海洋生物のクジラでもマグロでも、原則的には同様のアプローチが取られており、資源量を推定し、増殖率を調べ、増えた分だけ漁獲するように、漁業のあり方を規制している（ＦＡＯ　１９９５）。

一見、科学的根拠を基にした合理的な考え方に見えるこの方法であるが、人間が蒔く籾の量や植える苗の量を決められる農林業とは異なり、資源量がどれだけ増えるのかは完全に自然任せの水産業については、必ずしも合意的とはいえない。なぜなら、水の中の資源は、どのような方法を使っても正確に把握することはできず、どれだけ資源があるのかを漁獲量から推定することしかできず、毎年の増殖速度も産卵期の天候などで大きく変動するからである。

水産資源管理は、資源量についても、資源増加率についても、常に不確実性・変動性と向き合わなければならない。どのくらい資源量が増加するかは、自然任せであり、資源量が十分あるからといって、翌年資源が予定通り増えるとは限らない。資源の悪化の要因も、産卵期の天候であったり、産卵場として重要な藻場や干潟の埋め立てといった生息域の環境劣化など、漁獲以外の影響が大きい場合もある。この不確実性と変動性と向き合う水産の考え方は、他の農学や環境学とは大きく異なっている。色々な分野の研究者と共に活動する中でその認識の違いは強く感じられる様になった。どうやら、ほかの多くの分野では、資源は予測でき管理できるものとして捉えられている様である。このため、持続性も今ある資源や利用システムをそのまま残すことが主な目的とされている。しかし、これは人間の驕りであり、科学を妄信的に信じている行為であるといわざるを得ない。いくら科学が進歩したからといっても、天候をコントロールすることはできず、資源量が把握できるからといって、将来の収穫量を正確に予測することはできないだろう。少なくとも、水産資源に関しては、今なお資源の変動要因を正確には把握できていない。ましてや、地球規模での気候変動・環境変動が進行している現代においては、これまでの生産や利用システムが今後も機能し続けると想定すること自体に無理がある。突発的な環境変動が起きたら、また、想定外という言い訳をするのだろうか？　それではあまりにも無責任だ。

沿岸域の調査研究を、貧困対策や地域開発を抜きに実施することは、現実的にはできない。小規模な一次生産を行っている世帯の収入は、都市生活者や工場労働者に比べて、一般的には低い。中でも、土地という生産財を必要とする農業や林業とは異なり、釣竿1本で始められる沿岸の小規模漁業は、どの地域でも生存の最後の砦（社会的なセーフティーネット）になっているケースが少なくない。このため、地域の社会を調べるにしても、開発調査を行うにしても、環境保全を行うにしても、貧困にあえぐ人たちの現実的な実行可能性を重視し、そこにある資源は地域の重要な生活の糧である側面を十分に考慮する必要がある。フィールドに立つたびに多くの人が発展やより良い暮らしを望んでおり、その思いにこたえることが、実学としてはやはり重要であると感じてしまう。開発や貧困対策というと、すぐに経済的指数の上昇や保護政策が顔を出すが、単なる計算上の経済的指数の上昇や一時的な経済援助は、根本的な解決には効果が薄く、また、経済規模拡大の政策は実行可能性を伴わないケースも少なくない。このような疑問に答えるために、ケイパビリティーアプローチやコモンズ論、東南アジアの組織論や海洋民俗学などを再勉強した。また、水産資源の順応的管理や生態系アプローチ、土着の生態的知識の活用や生態系サービスの評価、市場メカニズムを利用した保全活動展開に関する世界的な動きについても情報を集めた。これらから得た知識と国内外での開発現場での経験を基に、様々な方々との議論と協働を重ね、多様な資源を多様に利用することで、変動する自然や環境にしなやかに対応できる社会における価値観をまとめたものがACという考え方である。

実学の経験から生まれたACのアイディア

私は、これまでに述べたような経験から、地域には多種多様な資源とそれを活用する仕組みが備わっており、常に余裕のある資源を利用するように可変的な社会が存在することを実感として理解することができた。この実感を元に作り出したのが、ACというアイディアである。ACでは、高い適応性を持つ社会をつくるためには、いずれの資源利用も破壊的にならないように、モニタリングや資源評価の結果を基にしたLimited Entryの仕組みが必要であると考えている。そして、多種多様な資源の状態をモニタリングするのは、利用者による情報提供と専門家による分析が不可欠とも考えている。従って、ACが目指す社会では、資源の利用者と専門家の協働や利用の許認可を行うための行政との情報共有は欠かせないものである。この考え方は、現在の資源管理や環境保護でも重要視されている点ではあるが、ACがこれらと異なるのは、資源利用者から得られた情報を利用者の活動を制限するために使うのではなく、資源の有効利用と資源の増加に向けた協働の取り組みを発展させるために使うという点である。さらに、「資源の増加」というのは、利用資源もしくは利用可能資源が複数存在する、つまり多様な資源を確保することを想定しており、そのための生息環境の改善や地域の自然や環境を含めた保全活動の実施が重要である。そして、直接利用している対象資源とその周辺の自然環境との関係性を、専門家による科学的な研究や分析によって客観的に評価し、地域へフィードバックするような、地域住民、行政、専門家との協力関係が地域の可能性を向上させるのである。

さて、この地域住民、行政、専門家の協力体制だが、自然や環境の保全活動だけでなく、地域資源の利用や新技術を導入する際にも重要になってくる。なぜなら、地域に眠る新たな資源を発掘し、その資源をケアしながら利用する技術のあり方を検討するには、この三者のどれが抜けてもうまく行かないからである。

以上のような考え方の種は、私がマレーシアから日本へ帰国するまでに出来上がっていたが、その後中国、ラオス、カンボジア、タイ、ベトナムを流れるメコン川の開発と保全に関する学術研究の現場に参加するなかで、この種が少しずつ育っていった。経済発展著しい中国では、メコン川に用水と発電のためのダムの建設を予定し、それが他の流域国にどのような影響を与えるかを評価するプロジェクトに参加した。このダム開発の影響は、生態系のみならず、農業生産や経済および地域文化へも影響が想定されたため、プロジェクトは文理融合のかたちですすめられた。この中で、私は主に水産資源や水産業への影響を担当したが、研究成果の評価やその社会実装への考え方に、研究分野や立場の違いで大きな隔たりがあることを痛感することになった。理系色が強い分野では、数値分析による明快な結果と学術雑誌への論文掲載が強く求められた。一方で、文系色が強い分野では、現場の人の意見や考え方など貧困対策としての実行可能性が重要視された。同じような野外調査（フィールドスタディー）を基礎とする研究であっても、分野が異なれば研究の進め方も目的も異なることを痛感し、これらをひとつにできる枠組みの必要性を強く感じることとなった。

このプロジェクトは文理融合や学際的研究のあり方を模索する試みとしても、大きな機会を与えてくれた。私たちは、先ず栄養塩の循環を調べ、魚類の分布と資源の構造を解明した。その上で、地域での漁業の実体や漁獲物の利用状況を調べることとした。その成果から、どの土地の利

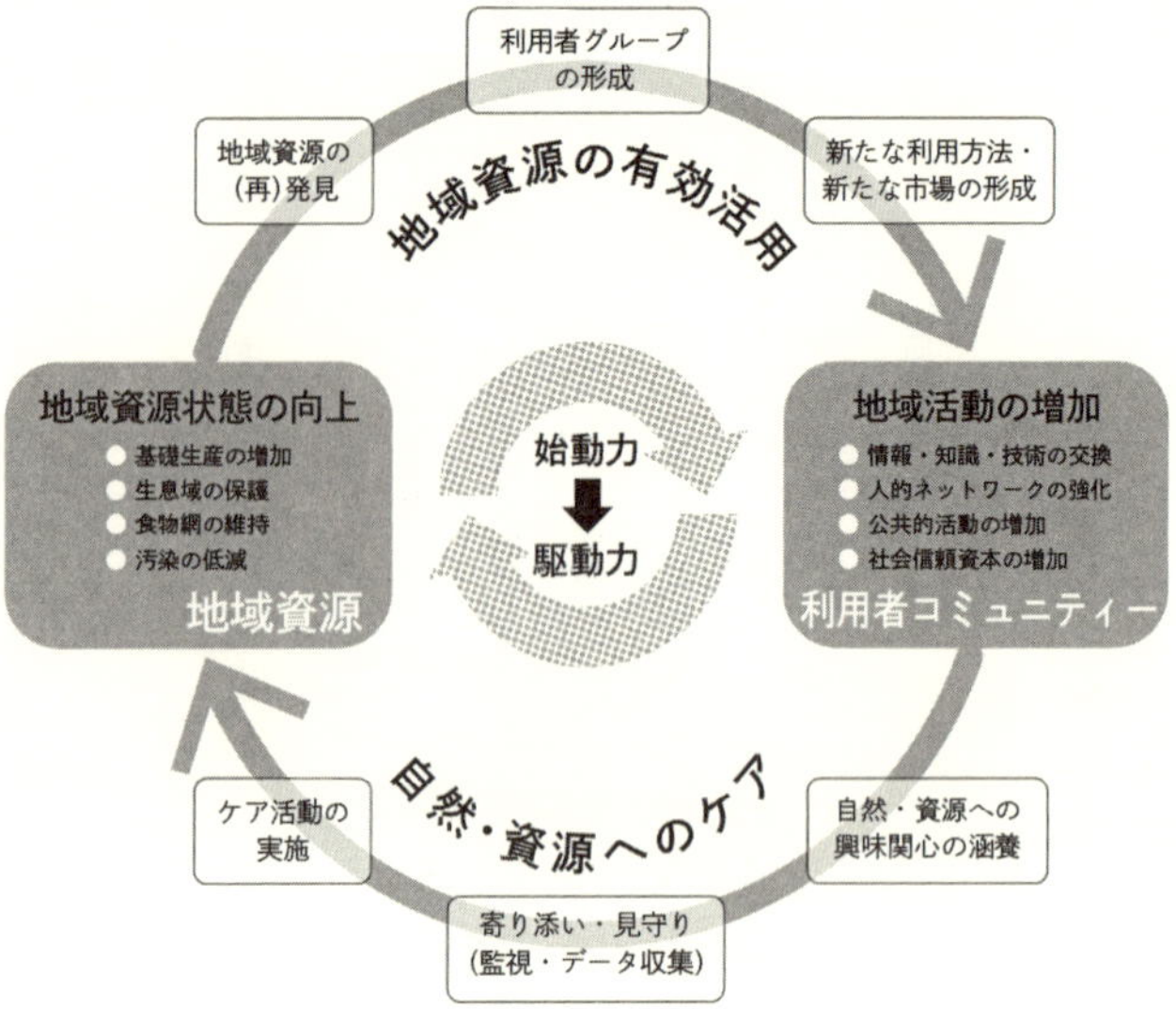

図1　ACサイクル図

用やどの地域の水がどの資源に影響するかを確かめ、それぞれの地域での資源の重要性を把握することから資源管理のためのモニタリングサイトの私案やデータの解析方法の提示を行うことにした。このように、物質循環や生物多様性の理系的な調査とそれを利用する人文社会的調査を組み合わせて、流通や市場形成を含めた地域振興と保全の両立を図るというAC的活動のプロトタイプは、この時期に試すことができた（秋道・黒倉２００８：２９４頁）。

総合地球環境学研究所（以下、地球研）が、環境問題の具体的解決策につながる文理融合の国際的研究プロジェクトを公募していると知ったのは、２００８年のことである。東南アジア限定とは言え、

図2　ACアプローチが目指す地域のイメージ（沢山の地域資源があり、沢山の利用者グループがそれを活用し、資源を支える環境をケアしている様子）

SEAFDECの2年半の勤務の間、カナダやブラジル、オーストラリアなどの国々から沢山のインターンの学生が学びに来ていた。一方で、SEAFDECの設立から現在に至るまで40年間以上深くかかわっている日本からは、ひとりのインターンの依頼も来なかった。インターンの学生たちが、東南アジアの漁業の現場やFAOなどの国際機関との活動で経験を積み、世界に巣立っていくのを見ているうちに、日本でもそのような学生や若手を育てなければと強い危機感を抱いていた私は、メコン川プロジェクトでの着想を具体的な形にするために、地球研にプロジェクトを提案した。このプロジェクトでは、どのようにしてコミュニティーを作り、どのようにして自然のケアを浸透させるか、そのために、住民と行政と専門家がどのように協力できるかを追い求めた。そして、そのプロジェクトを進める上で、ACの考え方が洗練され、ACサイクルの考え方も生まれた（図1）。ACとACサイクルの詳しい解説は、姉妹編「地域と対話するサイエンス」に譲るが、このACプロジェクトが狙ったのは、新しい資源利用が、収入向上や地域の軋轢の解消など、目に見える生活の向上につながることで、新たな地域コミュニティーの形成が促進され、その資源に関する興味や関心が高まることでコミュニティーが自発的に資源と自然へのケアを行い、そのケア活動が更なる収入の向上や地域コミュニティーの発展につながるという正のスパイラルを地域の中に数多く作ることである（図2）。加えて、このスパイラルの形成過程における地域住民、行政、研究者の関わり方についても明らかにしようと試みた。本書は、そのプロジェクトの活動を通じてAC的活動の具体例を集めたものである。ここに集められた事例が、AC的な考え方の理解を広めることに役立ち、新たなAC的活動の展開へと繋がっていってくれることを願っている。

参考文献

秋道智彌・黒倉寿編『人と魚の自然誌——母なるメコン河に生きる』（世界思想社、２００８年）

Food and Agricultural Organization, *Code of Conduct for Responsible Fisheries*, Rome, 41p, 1995.

Millennium Ecosystem Assessment編、横浜国立大学21世紀COE翻訳委員会訳『国連ミレニアム　エコシステム評価　生態系サービスと人類の将来』（オーム社、２００７年）

第1部　ＡＣのもたらす可能性：沿岸域における地域資源活用事例

第1章　フィリピン・バタン湾のエビ放流とＡＣ

黒倉　壽・伏見　浩・石川智士

はじまり

記憶は不確かで曖昧なものだとされるが、記憶のすべてが曖昧なわけではない。時を経て、不要な背景が消去されデフォルメされてむしろ鮮明になる。塗りつぶされて消えていくのは背景である。記憶の中で時間的な整合性は怪しくなるが、記録・証言・資料などを使ってある程度取り戻すことが出来る。そういう意味で歴史学は科学であり得る。整合性を取り戻した時間の中でも人の思想、意見、思いの変遷をたどるのには別の困難がある。しばしば、この作業の中で「歴史」は「文学」となる。

私がバタン湾を最初に訪れたのは１９９９年である。数年の予備的研究期間を経て、エリアケ

図1　バタン湾の全景（出典：NASA）

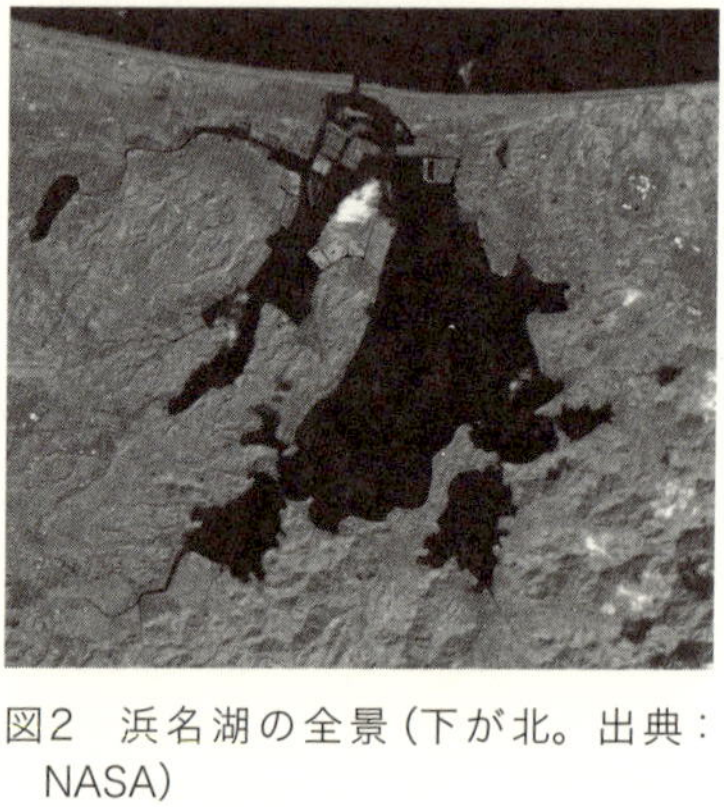
図2　浜名湖の全景（下が北。出典：NASA）

イパビリティー（Area-capability：AC）プロジェクトが正式に始まったのは2012年であった。ACプロジェクトの最大の成果は、ACとは何かをプロジェクトメンバーが共有したことである。その概念を普及し、その強化を具体的に考えることが今後の課題となるだろう。つまり、ACという視点で過去を振り返ることは、作為的ではないにしても、記憶さらにデフォルメすることになる。

目的もなくバタン湾を訪れた。多分、フィリピン大学ビザヤ校の養殖関連の実験施設を見学することが目的だったのだろう。このとき、東南アジア漁業開発センター・養殖部門（SEAFDEC／AQD）[1]の初期の日本人研究者である本尾洋が、彼の代表作である、ブラックタイガー（ウシエビ）[2]の生活史と生態に関する研究をこの地で行ったことを知った。たまたま彼が下宿していた家に宿泊したのである。この時、私が2年前まで勤務していた水産実験所がある浜名湖にバタン湾が極似していることに驚いた。考えてみれば、海進・海退と砂洲の形成によって作られる海跡湖[3]が似たような形になり、似た様な環境で似たような漁業が行われることは当然のことであるが、不思議な既視感を持った（図1、2）。バタン湾で研究しようと思ったのはこの既視感が原因だろう。

いつ頃、誰が議論を始めたのか正確に知らないが、1980年代の後半から、公的に行われる種苗放流[4]事業についてある議論があった。簡単に要約してしまえば、種苗生産・放流を一代回収型栽培漁業[5]と認識するか資源造成型栽培漁業と認識するのかという論争である。おそらく、水産庁や日本栽培漁業協会（当時）ではもっと前からこの議論があっただろう。日本栽培漁業協会は大島泰雄[6]が主張した「つくる漁業」を具体的に実施するための機関であるが、実際には、放流用種苗の生産とそれに関する研究が主たる業務であった。一代回収か資源造成かという議論の背景にあるのは、種苗放流にかかるコストとその結果漁獲される水産物から得られる収益のコストパフォーマンスの議論である。すでにそれ以前から、公共事業の見直しは大きな政治的課題となっていた。バブル崩壊[7]に伴う経済の不振と税収入の低下はこの議論を加速する。その流れは、民主党政権下の事業仕分け[8]という政治的パフォーマンスにまでつながっていく。公共事業として行われる種苗生産・種苗放流もまた、経済的な合理性を持っていなければならない。放流した魚をできるだけ多く漁獲したほうが、コストパフォーマンスは上がる。取り残さずに放流魚はすべて漁獲する。これが一代回収である。これに対して、放流した魚の一部を取り残して、親魚となって、自然界で次世代の資源をつくることを期待する。これが資源造成の主張である。大島の主張した「つくる漁業」は漁業者が漁業資源を漁獲するだけではなく、資源の継続的な利用を可能にするため、資源状態に関心を持ち、必要数の親魚資源を取り残し、次世代の仔稚魚が生育する場の環境の保全・造成に積極的にかかわっていくことであり、種苗放流は、それを実現する方法の一部に過ぎない。実際、過剰漁獲や環境悪化によって、仔稚魚の数が減った部分を、管理された環境下で仔稚魚を作って放流すれば、失われた自然の機能を代替する。問題になるのは、漁業資源の低下の原因である。漁業資源の低下の原因が、仔稚魚期の生育場の喪失や環境劣化であれば、取り残した親魚の産卵によって次世代の仔魚が生まれても、それが生育するための場がないために、次世代の資源回復は望めない。放流事業が盛んになるのは高度成長期以降のことである。1954年から1973年の高度成長期には、沿岸の浅瀬の埋め立てが進められ、浅瀬を生育場とする水産生物の生育場が奪われていった。残された生育場の環境も劣化していった。日本栽培漁業協会の前身である瀬戸内海栽培漁業協会が設立されたのは1963年であり、1979年に改組されて日本栽培漁業協会となる。漁業産業とそれに依存する地域を維持するためには、失われた生育場の代替として人工的に種苗を生産し放流することは、行政的にやむを得ない選択でもあった。その後、漁業者の数も、漁業に依存する地域も減り、国民総生産（GNP）に対する漁業産業の貢献は小さくなっている。そのような中で、漁業を維持するために公的資金を使って種苗放流を行うことに一般の理解を得ることがますます難しくなる。その効率性を明らかにしなければばならない。一代回収の主張は取り残しによる資源造成効果を直接に否定しているわけではない。しかし、放流事業を続けていくには効率性をまず明らかにしなければならない。1999年当時には、すでに一代回収が優勢であったと思う。放流による資源回復を重視せずに、一代回収の中で効率性を追求するという流れであるが、これも漁業産業が縮小すればそれさえも主張しにくくなる。実際、(社)日本栽培漁業センターは、2003年に独立行政法人水産総合研究センターに統合され、現在、放流事業も縮小傾向にある。

論争は私からは遠いところで行われていたが、沿岸環境をどのようにみるかという生態学的な議論でもあり、その議論を傍目に面白いと思っていた。しかし、その一方で、この議論そのものにある種の違和感もあった。大島が主張した「つくる漁業」は、漁民自身が、自然資源であり公共物である水産生物の天然での生産に関心を持ち、その維持に積極的にかかわっていくことである。効率性の面から放流事業が否定されて廃止されたとしたら、漁業者が資源の生産過程に積極的にかかわるという、大島の主張の核心はどうなるのだろうか。

大島は浜名湖に関心を持っていたと思われる。遠州灘はなだらかに砂浜が広がる変化に乏しい環境である。複雑な地形を持つ浜名湖は遠州灘で唯一最大の水産生物稚仔生育場といっていいだろう。愛知県の新舞子と伊川津にあった東京大学水産実験所が統合されて浜名湖弁天島に移ったのは1970年である。大島が東京大学農学部の学部長を退任したのは1968年だから、水産実験所の統合移転には最終的に関与していない。しかし、統合移転先の選定は大島が学部長であった時代に議論されていたはずである。移転先として浜名湖を選択した背景には大島の関心が関係していたとしてもおかしくない。私が助教授として勤務していた東京大学農学部付属水産実験所は浜名湖にある。私は浜名湖の水産実験所に8年間も勤務しながら、評価に値するような研究成果を上げていない。そのことを内心恥じていた。浜名湖はクルマエビの放流事業に初めて成功した所である。浜名湖と瓜ふたつのバタン湾を目の前にして、ここを第二の浜名湖として、できなかった研究に再度挑戦したいという強い思いを持った。

準備期間

私はバタン湾でエビの放流をしたいと思った。浜名湖によく似たバタン湾で、クルマエビの近縁種であるブラックタイガーを放流して、それに伴う社会の様々な変化を観察記録すれば、放流効果という水産技術上の問題や生態学的の問題以外に、放流事業が漁業者の意識や地域社会にどんな影響を与えるのかを実証的に明らかにすることができると考えた。それは、放流事業を経済効率の視点からのみで語り、「つくる漁業」の本来の意味が薄れていくことに対する違和感を解消するかもしれない。とはいっても、実際の事業はとても大学人などに行えるものではない。エビの放流事業の中心となったのは静岡県水産試験場浜名湖分場（現静岡県水産技術研究所浜名湖分場）であった。大島の弟子である野中忠とそれを引き継ぎ阿井敏夫が分場長をしていた。クルマエビの放流事業の最初の成功例となったことは、大島につながる人々の業績であろう。そこで、古い友人である福山大学の伏見浩に協力を依頼した。伏見は静岡県水産試験場の職員としてクルマエビの放流事業を担当し、成功に導いた。伏見は東京水産大学の出身で、大学時代に大島の指導を受けることはなかったが、野中忠を通じて大島を知り、直接に様々な指導を受けた大島の高弟のひとりである。おそらく、浜名湖のクルマエビの放流事業の中で、大島の意見を直接に訊く機会を持ったはずである。伏見が静岡県水産試験場浜名湖分場に勤務し、このプロジェクトを行っていた当時、私は隣の東京大学農学部附属水産実験所で大学院生として学位論文に取り組んでいた。その後お互いに職場を変わっていくが、様々な形で交流があった。放流事業について、漁業者や行政の理解をどのように得るかというノウハウも含めて、私が持っていない知識や経験を持っている。どうしても彼の協力が必要であった。伏見とともにバタン湾を訪れたのは2003年である。彼も浜名湖とバタン湾の類似性に気が付き、ブラックタイガー放流事業の成功の可能性は高いという意見であった。

2004年に私が所属していた東京大学農学国際専攻国際水産開発学研究室にジョン・アルタミラノ（Jon Altamirano）が研究生として加わった。ジョンはバタン湾があるパナイ島のSEAFDEC／AQDの職員であり、彼の出身校であるフィリピン大学ビザヤ校はバタン湾に実験施設を持っている。とりあえず、現地に足がかりを作ること見通しがたった。彼にバタン湾における漁業の現状について実態調査しながらブラックタイガーの放流について研究してもらうことにした。ジョンの協力を得て、私は、現地で住民や行政を対象にワークショップを行い、放流事業の内容とその効果について説明し、地元のケーブルテレビに出演もした。また、バタン湾の内湾漁業の中心地であるニューワシントン市（New Washington）の市長にも放流事業の説明を行い、協力を依頼した。地元の期待感は大きかったが、現地の水産関係者の多くは放流事業の成功に懐疑的であった。その多くは、放流してもすぐに漁業者がほとんどすべてを漁獲してしまい、放流効果はなく、かえって違法漁業を助長する、漁具や漁法に対する規制をより重視すべきであるとする主張である。

バタン湾の漁業

ジョンは2005年に大学院に進学し、修士課程ではバタン湾の漁業の実態を調査研究した。その結果、バタン湾の漁業の実態が明らかになってきた。漁獲記録がほとんどない途上国で、資源量・漁獲量の変化をたどることは困難であったが、聞き込み調査と過去の記録などを照合して、表1のように過去の漁獲量の変動を明らかにした。漁獲物の内容も変化している。バタン湾では、ブラックタイガー以外にもグレイシーバック・シュリンプ(9)など他の種類のエビも獲れる。価格は大きく違っていて、ブラックタイガーは1キログラム当たりほぼ300フィリピンペソ（フィリピンペソは日本円で約2・1円）であるが、グレイシーバック・シュリンプは1キログ

表1　バタン湾の漁獲量の変化（小型簡易定置網tibakolの漁獲量）

年（年代）	漁獲量（kg/1網/日）	調査（文献）
1970s	24	聞き込み調査
1980s	10	聞き込み調査
1991	7.66	Ingles et al. 1992
2000	5	聞き込み調査
2000	3.44	Babaran et al. 2000
2006	1.65	Altamirano 2010
2013	0.73	実測値（Altamirano 未発表）

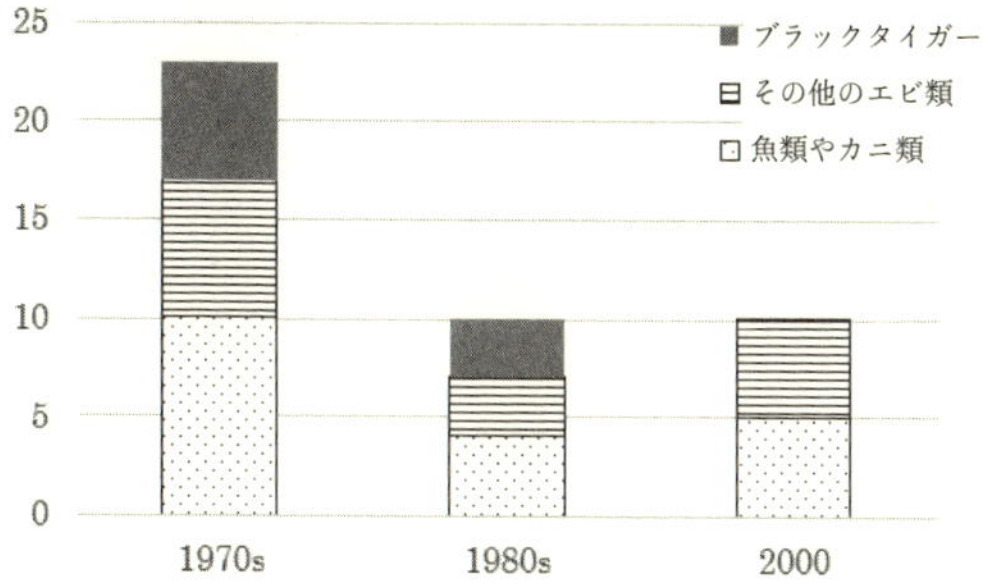

図3　漁獲物の内容の変化

ラム当たり100フィリピンペソ程度である。既往の報告(Ingles et al.1992)によれば、1978年には、重量ベースで全エビ漁獲量の90%以上をブラックタイガーが占めていたが、2006年にはわずか数%になっている。ジョンが推定した漁獲量低下の原因はふたつある。ひとつは過剰漁獲である。

図4は彼がGPSでひとつひとつ位置を確認して調査した2006年の固定式の漁具の分布である。現地語の漁具や水産物の名前を英語や日本語に訳すことは難しいのだが、セットネットというのは現地語でティバッコーと呼ばれる。最近になって導入されたエリ[10]のような小型の定置網であり、

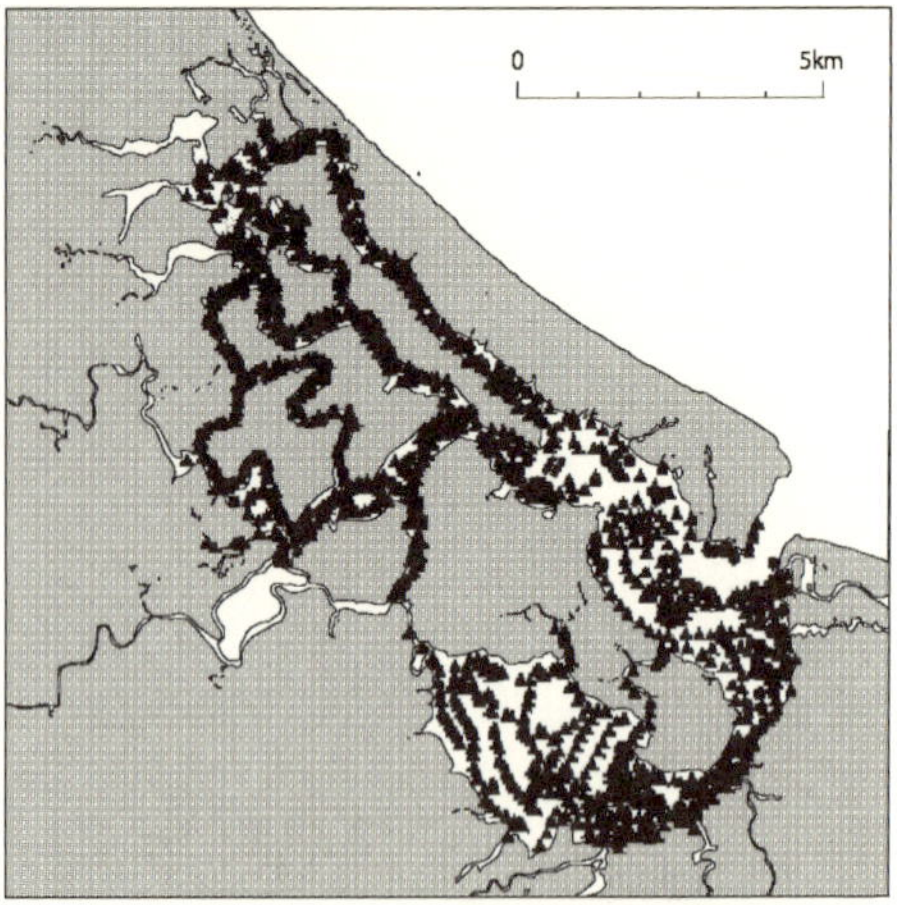

図4　2006年における漁具の分布（▲は漁具の位置、内訳：セットネット＝1538、リフトネット＝205、フィルターネット＝105、フィシュケージ＝49）

化学繊維と竹でできていて比較的安価（借金をすれば個人が買える程度）で、漁獲物の取り上げがひとりで行えるなど運用性に優れている。リフトネットは巨大な四手網であるが、跳ね上げ式ではなくて、滑車で引き上げる。フィルターネットは古いタイプのエリのような定置網である。フィシュケージは漁獲された小型の魚を肥育するための生け簀である。このほかにカキの養殖施設がある。日本のように垂下式ではなく、竹や木の、ゴムタイヤなどに、牡蠣を付着させる。いずれにしても、湾内全域に密に漁具が分布している。このような状態になったのは比較的最近のことである。表2に示したように、15年間でおよそ445%に増加していた。漁獲量の減少の原因のひとつが過剰漁獲であることは間違いないであろう。もうひとつの原因として考えられるのが、環境の変化である。図5に、2000年のバタン湾の図を示した。図中、灰色で示した部分はエビの養殖池である。これらの池はもともとマングローブ林であった。1953年の記録では、バタン湾には4800ヘクタールのマングローブ林が存在した。２０００年に現存していたマングローブ林はわずかに３００ヘクタールである。これに対して、１９９９年の養殖池の総面積は、４５９７ヘクタールであり、マングローブ林喪失の原因は、明らかに養殖池の建設であった。これは後におこなった放流エビの追跡によって明らかになったことであるが、放流後のブラックタイガーは岸付近の浅場を生息域として利用する。マングローブ林からなだらかな傾斜で深場に至る構造がブラックタイガーに生息域を提供していた。マングローブ林を伐採して養殖池つくると、養殖池と海を隔てる土盛りが急峻な壁となって浅場が消失する。この生息場の消失がブラックタイガーの資源減少の大きな原因となったのであろう。ジョンは博士課程で、放流のための技術的な問題にも取り組み、体重1グラム以上で放流すれば高い生き残りが見込めることを明

表2　漁具の増加

漁具	1991年	2006年
Set net	314	1538
Filter net	53	105
Lift net	59	205
Cage	0	49
合計	426	1897

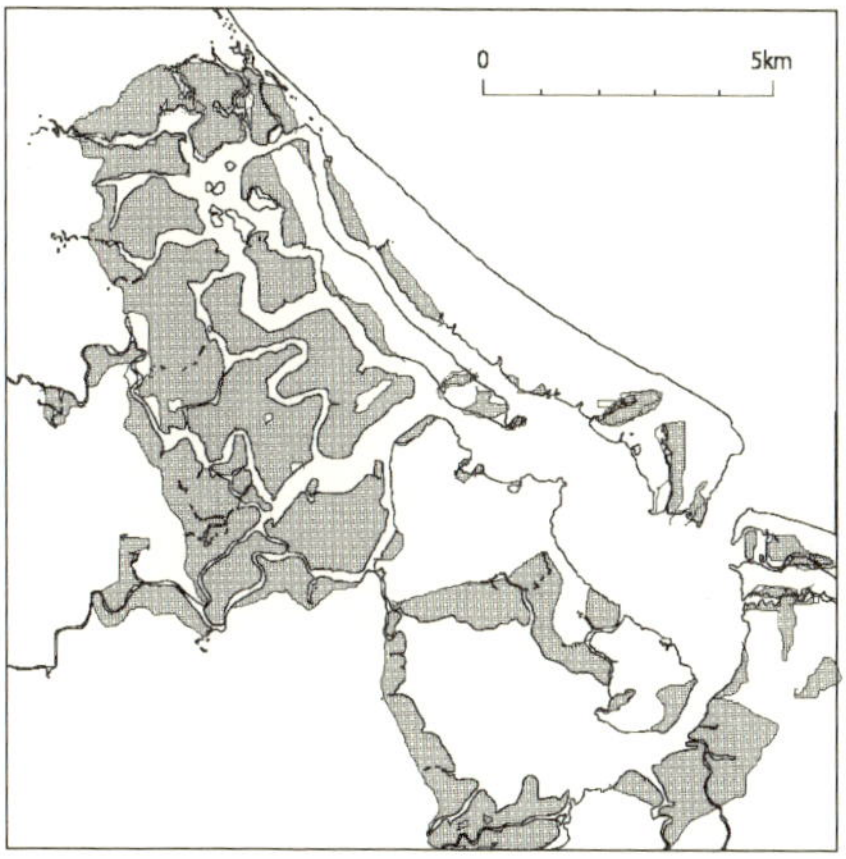

図5　バタン湾のエビ養殖池分布（灰色部分が養殖池）

らかにし、種苗の入手先、コスト等についても検討を行ったが、実際の放流には至らずに学位を取得して帰国する。

2009年、ジョンと入れ替わるように神山龍太郎が大学院生として研究室に参加した。彼は主として社会科学的な視点からバタン湾の研究をおこなった。彼がまず興味を持ったのは、漁法や漁具数の急激な変化であった。現地での聞き込み調査等困難な作業の末に、彼は過剰漁獲に至る背景を次のように描いた。漁具数が急速に増加したのは1980年以降である。これは、バタン湾におけるブラックタイガー養殖の発達とも強く関係している。道路網の発達により、バタン湾周辺からも物品の集配地であるイロイロ市に養殖ブラックタイガーを出荷できるようになり、バタン湾でも養殖を行う業者が出てくる。また、周辺の市に比較的規模の大きな流通業者が進出した。マングローブ林の埋め立てと養殖場としての利用についてはフィリピンの法制度も関係している。専門ではないのであまり詳細には説明できないが、簡単に言えばマングローブ林のような沿岸域を長期に借り受けることができて、マングローブ林を養殖場にすることができたのである。流通業者は養殖エビだけでなく漁獲された天然エビも購入したので、ブラックタイガーの価格が上昇した。ちょうどそのころ、化学繊維を使った比較的廉価なティバッコーという定置網漁法がこの地域に導入された。当初、多くの漁民はこの定置網を自己資金で持つことはできなかったが、下請け的なエビの集配業者が定置網の建設費を漁業者に貸し付けた。当時はまだ漁獲量も多く、エビの価格も高かったので、新しい定置網を始めた漁業者は大きな利益を手にして、自己資金で2カ統目以降の定置網を自らの資金で作ることができるようになった。こうして、漁具数が急速に増えていった。神山の興味は、その後、こうしたことを防ぐことを含めて、地域間の社会システムの比較研究に移っていき、帰国したジョンのサポートを得て、この地域で社会科学的な研究を継続した。ジョンも現地での放流方法の具体的な検討を進めていった。

ピナモカン島の漁業者

漁獲量の減少に対して地元の漁業者が手をこまねいていたわけではない。2000年ごろからは、定置網の数を制限したり、その配置を規制したりする地方自治体が出てきた。バタン湾の内湾漁業の中心地のひとつは、ニューワシントン市にあるピナモカン（Pinamuk-an）というバランガイ（村のような最小の行政単位）である。このバランガイは、バタン湾内に砂が堆積してできた砂州上の集落であり、土地生産性が低く、市の中心部とは小さなボートで行き来する。漁業以外の産業はほとんどない。2010年ごろ、このバランガイの漁業者が、ピナモカン小規模漁業者組合（Pinamuk-an Small Fisherfolks Association：PSFA）を自主的に組織した。組合といっても日本の漁業協同組合のように共同販売のようなものをする組織ではなく、漁業規制を話し合ったり、マングローブ林の回復のためのボランティア活動をする組織である。私たちは、ピナモカンの漁業者関連の人々を4つのグループに分けて見ていた。第一のグループは、PSFAのメンバーではない漁業者である。第二のグループは、PSFAのメンバーではあるが、定置網を持っていない漁業者である。第三のグループは買い付け業など、漁業関連の仕事をしている人々である。第四のグループはPSFAのメンバーであり定置網を持っている漁業者である。第一、第二、第三のグループの人々は、ピナモカンに住居を持っている住民であるが、第四のグループ50人のうちで、ピナモカンの住民は、50人中わずかに18人であり、残りの漁業者は他の地域に住みながら、ピナモカンの周辺で漁業を行っている。ティバッコーという定置網は、漁獲物の取り上げが容易で、1日の作業時間が2時間ほどですむので、他の仕事との兼業で漁業を行うことができる。聞き込みによる毎月の収入は第三のグループが最も高く、平均で、9047フィリピンペソ／月で、これに第四のグループが続く（8689フィリピンペソ／月）。第一、第二のグループの平均収入は、それぞれ、5275フィリピンペソ／月、5347フィリンペソ／月であり、第一、第二グループと第三、第四グループの収入に大きな格差がある。しかし、いずれのグループの平均値も、国際貧困ライン1日1・9ドルを下回り、どのグループでも、30％以上が、フィリピン政府から貧困認定されて給付を受けている。

バタン湾には4つの市が面しており、多くのバランガイがある。地域の特性によって、地域の漁業者の漁業に対する思いは様々である。漁業の将来について悲観的で、できれば転業したいと考える人もいれば、漁業を継続したいと考える人もいる。漁業について、より細かい規制の導入と罰則の強化などトップダウン的な改善の必要を強調する人もいれば、現行の規制の順守やごみの投棄や環境改善のためのボランティア活動など、ボトムアップ的な改善を主張する人々もいる。様々なバランガイがある中で、ピナモカンの漁業者は、漁業を継続したいとする人々と転業したい人々、規制導入に積極的な人と消極的な人が拮抗している。ピナモカンでインタビューした200人の内、98人が漁業者間に対立があると答えたが、その内71人は、そうした場合、地域が共同して問題解決にあたると答えた。そのような事例として21人がPSFAの活動をあげ、13人が会議や集会をあげた。彼らは、マングローブ林の再生活動も行っており、放置された養殖池などにマングルーブの植林を行っている。13名がマングローブの植林を共同体の活動として挙げた。違法な漁業として68人が挙げたのは、他人の漁具から漁獲物を盗むことであり、37人が規制よりも細かい網目の漁網を使うことを挙げた。この時点で、すでにケーブルテレビやワークショップなどを通じてストックエンハンスメント（資源増殖stock enhancement）の情報は流していたが、ストックエンハンスメントという言葉を知っているのは、200人中わずかに13人であった。しかし、その内容を説明すると、194人がその活動に参加したいと答えた。また、82人がその対象種として、ブラックタイガーを挙げた。種苗放流の期待される効果として、184人が収入の増加を挙げたが、126人はそれに加えて、地域の連携の強化を挙げた。

ピナモカンで行われたPSFAの集会には何回か参加した。集会はアクラン語（Aklanon）で行われるので、何を言っているのか私にはわからない。日本で行われる同種の集会に比べて、積極的に意見を述べる人が多い。発言者に男女の偏りはない。あるとき、ひとりの女性がとても激しい言い方で意見を述べた。通訳してもらったところ、漁業規制について、いつでも刺し網が規制対象になり、定置網については規制が緩やかである。これは不公平だというものだった。これには一理ある。どんな漁業も不適切に行えば資源を圧迫する。刺し網も、あまり長いものを使ったり、水路全体に張れば大きな資源圧迫となる。しかし、これは定置網についてもいえることである。どんな漁法が何をどのくらい漁獲しているのか、実態がわからなければ、適切な規制ができない。その発言内容よりも、こうした発言を積極的に一般の人がすることに驚いた。日本には見られない。フィリピン社会は面白い社会で、政治の中枢に近づくと腐敗や不正があるが、バランガイの長（Barangay captain, バランガイは本来、船の意味なので、船長という語感）の選挙はとても民主的で、この地域では、半数近くのバランガイ・キャプテンが女性である。こうした発言を記録していけば、日本ではなかなかとらえにくい漁村の情勢の意識変化も含めて、深いところで意識の変化を追えるのではないかと思った。

バタン湾におけるブラックタイガーの放流

私自身のバタン湾での放流に対する興味は、放流効果の追跡よりは、放流事業へ参加が、漁業者自身が資源や環境の状態に関心を持ち、その保全に自ら取り組もうとすることに、効果的にインセンティブを与えるかを見ることに移っていった。この間、伏見から、放流事業によって浜名湖の漁師がどのように変わっていったのかを聞いたことが、背景にあったのだろう。そのころ、伏見と私は、放流後すぐに漁師が小さい状態でエビを獲ってしまうから、効果がないだけでなく違法漁業を助長することになるから反対だという意見に対して、「獲れるものなら獲ってみろ、自然海域に存在する生き物をすべて漁獲することは不可能だ、獲ったらさらに放流するだけであり、それで漁獲量が上がれば、相互監視が働いて、放流エビを放流直後に獲るなどということはできなくなる」と答えていた。

こうした中で、研究室に研究員として所属していた石川智士が、東海大学から総合地球環境学研究所のプロジェクトに応募し採用される。「東南アジア沿岸域におけるACの向上」である。このプロジェクトの一部として、バタン湾におけるブラックタイガーの放流が社会実験的に行われることになった。フルリサーチとしての期間は2012年度から2016年度であるが、プレリサーチ1年間を含めて数年前から準備を始めた。現地協力者の発掘や中間育成場の選定など、ジョンの活動は、この資金に支えられた。この時点では、ACの概念はまだ明確ではなかった。小規模漁業が対象とする地域資源は、地域の公共物であり、それを持続的に維持管理し、効率的に利用するためには、地域の人々の知恵・経験・理解・外部を含めた人間関係、リーダシップなど様々な能力が必要で、彼ら自身で、社会の制度やルールを適切に作っていかなくてはならない。それらを総合的にACというのだろうということは解るのだが、それが具体的にどんな内容でそれをどのように評価したらよいのかが解らない。とりあえず、住民参加によって放流を行い、周辺の人々も含めて報告会的なワークショップを行い、彼らの意識変化を追跡することにした。廃止されて池の壁が壊れかかった1ヘクタールほどの養殖池を借りることができたので、ここに網囲いをして中間育成場として利用することにした[11]。また、暫定的な中間育成目標を次のように定めた。民間種苗生産業者から、0・002グラムから0・02グラムの種苗を入手し、2月以内に平均体重1グラムまで成長させて放流する。種苗は購入以前にSEAFDEC／AQDでウイルスチェックなど疾病の有無を確認する。エビへの給餌その他の管理は住民ボランティアが行う。放流は中間育成場の網囲いを外すことによって行う。こうした方針のもとで、最初のワークショップを行い、放流事業の内容を説明し、中間育成へのボランティア（中間育成地の管理と給餌）を募集したところ約30名が集まった。現地に適した中間育成と放流の技術を完成するにも、多くの試行が必要であった。2013年7月から本格的な放流を目的に第1回の中間育成を行ったが、放流直前に稚エビが盗難され放流まで至らなかった。2014年3月から行った第2回の中間育成では、台風のため予定より小さなサイズで網囲いをはずした。2014年6月からの第3回の中間育成は放流に至ったが、放流数は少なかった、第4回目の中間育成も、台風による塩分濃度低下のため、放流直前の稚エビが大量斃死した。こうした経緯から、住民ボランティアの人数は減っていき、最終的に5人が残った。面白いことに、彼らはひとりを除いて漁業者ではない。漁業者であるひとりもエビの採捕ではなくてカキの養殖を生業としている。こうした経緯から、台風・大雨などのリスクをできるだけ減らすため、目標体重を0・5グラムとして、中

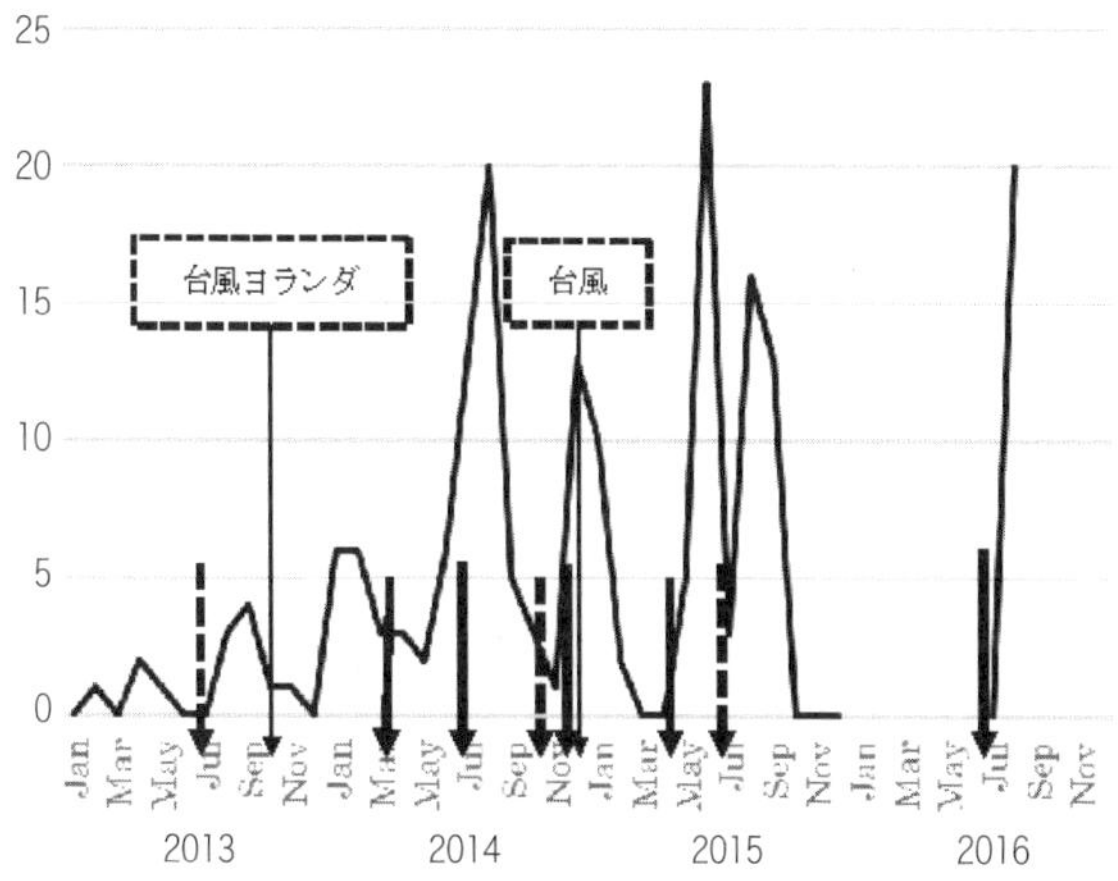

図6　定置網でのエビの漁獲量。破線の矢印は中間育成の失敗、一部は中間育成地から逃げ出した可能性がある。実践の矢印は成功した種苗生産、細線の矢印は台風の発生。

間育成期間を1カ月以内とした。そのために、質の高い配合飼料を使うことにし、フィリピンの台風シーズンを避けるために、中間育成の期間を5月から9月までに行うことにした。放流効果の追跡は、既存の定置網を定点として、その漁獲量の変動を追うとともに、浅場については、手押しの押し網によって調査を行った。その結果、放流直後の小型のエビは、中間育成場からやや離れた浅瀬に集まることが分かった。定置網での漁獲量の記録を図6に示した。放流後に漁獲量が増加し放流効果があることが確認できる。なお、台風ヨランダの後の春に漁獲量が増加しているが、これは、台風によって定置網等が破損して、漁獲圧が下がり資源量が回復したため漁獲努力量当たりの漁獲量が増加したためだと考えられ

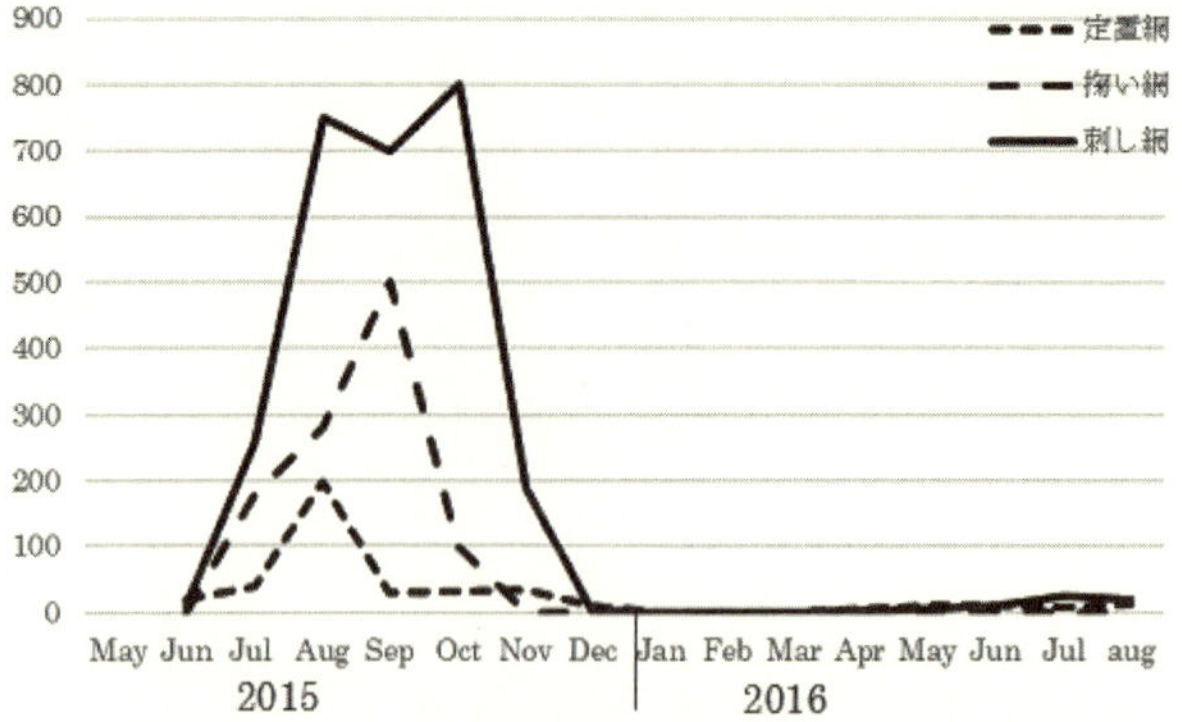

図7　漁獲物の買い付け業者の取り扱い量。買い付け業者は3業者あり、それぞれ対象とする漁業者の主とする漁法が、定置網、掬い網、刺し網と異なっている。

る。図7には、2015年5月の放流以後、月に2回（1回に2日間）行った水産物の買い付け業者の買い付け量の変動を示した。買い付け業者はほぼ決まった漁業者から買い付けるが、それぞれの漁業者が行っている主たる漁法は異なっている。刺し網は比較的大型のブラックタイガーを捕獲する漁業であり、定置網に比べて大型のエビの漁獲量が多い。漁獲は放流の2カ月後の7月から上昇し、3カ月後の8月にピークに達し、4日当たりの取扱量が、700尾以上に達した。この状態が3カ月続き、12月に低下する。冬季の漁獲量の低下は、成熟して交尾したエビが湾外に移動するためだと考えられる。仮に、調査対象とした3つの買い付け業者だけがエビを買い付けているものとすると、放流後6カ月間に買い付け業者に売られたブラックタイガーの総尾数は3万1260尾と推定された。2015年5月に放流したブラックタイガーの中間育成池への放養尾数は50万尾であり、放流時点までの生残率は51%であった。したがって、放流尾数はおよそ25万尾である。買い付け業者が取り扱ったエビには、天然エビなど放流エビ以外のものも含まれるが、その量はわずかであろう（図3）。すべてを放流エビだとすれば、買い付け業者が買い付けた時点での回収率は、12・5%である。この値は、エビに標識をつけてその再捕報告から推定した回収率8〜10%にほぼ匹敵する。再捕されても報告がなかったエビの数も少なからずあるものとすれば、これらの推定値はほぼ妥当なものだと考えられる。

ACの向上と放流

「東南アジア沿岸域におけるACの向上」プロジェクトの中で、バタン湾でブラックタイガーを放流することの目的が鮮明になってきた。すなわち、放流が漁業者を含む地域の人々の意識をどのように変えるのかを明らかにすることである。そのためには、放流効果が上がり、そのことを人々が認知していなければならない。ニューワシントン市の中心部と漁業者が多く住むピナモカンで、放流事業の認知度とブラックタイガーの資源状態の認識を尋ねるアンケートを行った。ストックエンハンスメントという言葉を知っているかと尋ねたところ、48%（n=94）の人々が知っていると答えた。2000年の時点では、わずかに6・5%の人しかこの言葉を知らなかった。さらにエビの資源増殖（stock enhancement of shrimp）という言葉を知っているかと尋ねると、72%の人々が知っていると答えた。人々は身近で行われているエビの放流を通じて資源増殖を理解していることがうかがえた。また、ブラックタイガーは増えているかと問うと、45%の人間が増えていると答え、増えていないとする人の割合は14%であった。残りは解らないと答えた(n=93)。従来、この地域でアンケートを行えば、ほとんどの人がエビは減っていると答えていた。2015年に行った放流によって、エビの漁獲が増えたことは多くの人々の共通認識になりつつあるといえるだろう。放流2カ月後から漁獲されるエビの主体は頭胸甲長[12]が3～5センチの大型の個体で一尾の価格は300フィリピンペソ以上である。このようなエビが1日175尾漁獲される状態が3カ月続く。放流後6カ月間に流通業者が買い付けたエビの重量は、調査対象とした3件の業者だけで1041キロと推定された。もしこれがすべて1キロあたり300フィリピンペソで取引されたならば、漁業者は全体として、31万2300フィリピンペソを得たことになる。もちろん、漁獲されるエビのすべてが放流エビではないにしても、その主体は放流エビである。放流事業にかかる費用の大半は種苗の購入費である。大きさにもよるが種苗の値段は1尾1ペソを超えない。平均的には1尾0・153フィリピンペソである。50万尾の種苗の購入費用は7万5000フィリピンペソ程度となる。この他にエビの配合飼料の費用がかかるが、その費用を5万フィリピンペソとすれば、放流にかかる費用は、放流失敗などの可能性を見込んでも十分に採算性のある事業であることがわかる。

ピナモカンの漁師の知識は確かに科学的に正しくないところがある。アンケート調査でエビの産卵がどこで行われるかを正しく答えられた人はいなかった。正しくは、エビは湾内で交尾して外海にでて産卵し、稚エビが流れに乗って湾内に入り、浅瀬に着底してそこを生育場として成長する。しかし彼らの多くは、エビは湾に注ぎこむ川で産卵すると答えた。確かに科学的には正しくない。それでも、どこからか稚エビが流れ着き、やがて浅場から深場に移っていくという実態をとらえている。彼らは自らの観察・経験によって上流から稚エビが流れてくると推測したのだろう。部分的には正しい。そのことを知っているからこそ、PSFAはマングローブの林の再生活動を自ら行っている。私たちも、台風などの自然災害の影響を避けるため、シーズンを選びできるだけ短い期間で必要な大きさまでエビを成長させることが重要だと経験でわかった。当初、中間育成のボランティアは配合飼料の利用に否定的だった。コストを考えて現地で漁獲される魚のミンチを与えた。しかし、コストがかかっても質の高い餌を供給することによって、リスクを小さくできるとわかって、今では配合飼料の導入に反対しない。種苗生産業者から種苗を入手し中間育成を行うプロセスを経験していくうちに様々な知識を身に着けていくだろう。正しい知識の普及は必要であるが、経験しながら学ぶことが大切である。経験に合わせたタイミングの良い外部からのインプットが有効である。幸い、ニューワシントンにはアクラン州立大学の水産海洋学部（College of Fisheries and Marine Sciences）のキャンパスがある。アクラン州立大学（ASU）はすでに私たちのプロジェクトに参加している。ASUによる啓もう活動は彼らの経験知と科学的知識の融合に役立つであろう。PSFAはASUとの関係をどのように作っていくだろうか。

初めの放流が盗難によって失敗したことから、放流と漁業管理を行っていくために必要な規範意識をこの地域の人々が欠いているのではないかと考える人もいるかもしれない。しかし、盗難が起きたのは初めの1回だけである。盗難があっても放流を続けた結果、盗難はなくなった。私は試されたのだと思っている。実際、小さなエビを獲っても得られる利益は大きくない。利益を得るためにではなく、放流事業をやめさせたかったのだろう。当時はまだ、放流の効果を上げるために、強い漁業規制をすべきだという意見が現地にあった。放流が規制強化につながると思ったのだろう。2015年11月のアンケート調査では、現地の人々の規範意識についても調査した。宗教や慣習などの外的なルール・規範に従おうとする気持ちは、平均的な日本人と変わらないし、自らの意思に従って様々な選択を行い自らの内的なルールに従って生きようとする内的な規範意識は、むしろ我々日本人より高い。PSFAの集会で見られたように、人々は積極的に自分の考えを述べる。うまくいき始めれば、自分たちで議論して改善していけるだろう。問題があるとすると、社会システムを適正に作り、それを維持運営するための経験と知識だろう。

これから、彼らが考えなければならないことは、増加した資源や環境の持続的な保全である。地域全体から支えられなければ放流事業は継続できない。そのためには、維持した資源や環境から得られる利益を上手に配分していかなければならない。納得できる利益配分があって、漁業者の収入が確実に向上して地域の厚生も増す。利益と負担の配分の問題は彼らがこれから考えなければならない。さらに、漁獲量が増えたときに魚価が下がらないように、販売ルートの確保や、付加価値を向上させるための工夫も必要になる。こうした努力は漁業者自身がすべきことであり、資源状態に合わせて放流を拡大したり縮小したりすることも漁業者自身が判断し、必要な事業を行っていくべきである。この能力がACだろう。このACの向上によって、以前から問題視されている他人の漁具から漁獲物を盗むというようなクレームはどのくらい減るのだろうか。この点はACの研究として興味深い。

現在、中間育成に協力しているのはわずか5名の現地ボランティアである。この5名がエビを漁獲する漁業者ではないということも問題かもしれない。漁業者ではない彼らがなぜ、ボランティアとして放流事業を支えているのか。この問題はACを本質的に理解するために重要なテーマかもしれない。少なくとも、彼らの参加動機は直接的な利益ではない。エビ漁業者も放流事業に無関心ではないようだ。積極的に中間育成に参加しなくても、漁業者の関心やサポートは重要である。PSFAの内部で放流事業をどのように継続していくかを今後議論していくことになるだろう。現在のボランティアとエビの漁業者はどんな関係を作っていくのだろうか。ここも注目すべきところである。

ブラックタイガーの放流をきっかけに、彼らが自然環境と彼らが利用する資源との関係を意識し、どのような関係をつくっていくのか、また、そのようなシステムを維持管理していくために、彼ら内部での関係性、その外側との関係性をどのように作っていくのか、そのプロセスを観察し、それを強化していく方法を考えていくのはこれからであろう。おそらく、それが「ACの向上に関する研究」であり、私が漠然と1997年にやりたいと思ったことであるというのが、私なりの結論（デフォルメ）である。

注

（1）東南アジアの漁業の発展のために1967年に設立された国際機関。現在、ブルネイ、カンボジア、インドネシア、日本、ラオス、マレーシア、ミャンマー、フィリピン、シンガポール、タイ、ベトナムの11カ国が参加している。タイの訓練部門（the Training Department; TD）、シンガポールの海面漁業調査部門（the Marine Fisheries Research Department; MFRD）、フィリピンの養殖部門（the Aquaculture Department; AQD）、マレーシアのインドネシアの海面漁業資源開発管理部門（the Marine Fishery Resource Development and Management Department; MFRDMD）、インドネシアの淡水漁業資源開発管理部門（the Inland Fishery Resource Development and Management Department; IFEDMD）の5つの技術部門がある。

（2）クルマエビ科に属する大型のエビ、世界的に食用とされ養殖対象種。学名：*Penaeus monodonh.* 標準和名：ウシエビ。

（3）かつて海であった場所が外界と隔てられてできた湖や沼沢。

（4）栽培漁業を目的として、人為環境下で管理・育成された水産生物の稚仔を自然界に放すこと。

（5）水産生物を人為的な環境下で育成した後に、自然に放して漁業の持続的な振興を図るシステム。

（6）水産学者。「つくる漁業」の提唱者。1908～1994。

（7）1990年代初頭に起こった急激な景気後退。1980年代後半からの信用膨張を伴った投機によって、土地価格・株式などの資産価格が、経済の基本的条件から見て大幅にうわまわった状態（バブル景気）が短期間で崩れ去ったこと。これによって日本は、1973年から始まる安定成長期から、その後の「失われた20年」という低成長期に突入した。
（8）　2010年度予算編成のために当時の民主党が導入した手法。行政刷新会議議長が指名した評価者（仕分け人）が、予算対象の事業を調べて、一般に公開された場において、事業担当者と、事業の必要性、養蚕の妥当性について議論する。
（9）　クルマエビ科に属する中型のエビ。インド太平洋の沿岸域に生息する。学名：*Metapenaeus ensis*. 標準和名：ヨシエビ。
（10）　河・湖沼・内湾で葦簀や竹垣を張り建てて魚道を作り、魚などを自然に誘導してとらえる定置漁具。魞、簄。
（11）　種苗の放流前に、自然環境に順応させるために、放流定点に近い浅瀬に網囲いなどをして、短期間飼育すること。
（12）　エビを含む節足動物の基本的な構造は、基本のユニットである体節が連なってできている。実際にはいくつかの体節が融合して、外見は、頭部、胸部、腹部のような塊ごとに外骨格（甲）を形成して、体節構造が明らかでない部分がある。エビの場合は、頭部の体節と胸部の体節が融合して、頭胸部を構成する。いわゆるエビの殻がそれに相当する。腹部は柔らかく体節構造を保っている。エビの大きさをはかるときに、腹部を含めると不正確になりやすいので、頭胸甲の長さで表す。これを頭胸甲長という。通常、頭胸甲長は眼窩後縁から頭胸甲の後端までの長さとする。

第2章　浜名湖のつくる漁業

伏見　浩・渡辺一生

戦後、日本は「東アジアの奇跡」と呼ばれる急速な経済発展を遂げた。この牽引役になったのは、沿岸域の干潟を埋め立てて作られた工場群であった。これらは、石油化学製品、自動車、鉄鋼など日本の高度経済成長を支えるあらゆるものを提供した。しかしその一方で、四日市や水俣に代表されるような沿岸域を中心とした公害や水質汚染などを招くと共に、かつて広域に分布していた干潟や藻場などの魚介類の住処が劇的に消失し、沿岸域の漁民の生活が成り立たなくなることが社会問題化していった。また、その当時の水産業の花形であった遠洋漁業も、200海里の排他的経済水域の制定が決定し、撤退せざるを得ない状況に追い込まれるなど、遠洋・沿岸漁業ともに大きな岐路に立たされていた。

このような中、日本は、沿岸漁業振興の一環として1962年に瀬戸内海栽培漁業協会を設立し、沿岸域漁業の対象魚種であるクルマエビ、ガザミ、ヒラメ、マダイを稚魚まで育てて沿岸域に放流するという放流事業、栽培漁業を開始した。この放流事業には当初から賛否両論あったものの、稚魚にまで育てて放流させてやれば自然と育つ環境はまだ残っていることと、このままでは漁家の生活が崩壊することへの強い危機感から、国は、全国の都道府県に栽培漁業センターを設置し、瀬戸内海栽培漁業協会で先駆的に研究されていたクルマエビとマダイの種苗生産技術を全国に普及させることにした。

私が静岡水産試験場の伊豆分場から浜名湖分場への突然の異動を命じられたのは、ちょうどそのような時代であった。私はその後、これまで扱ったこともないクルマエビの放流事業に携わり、また、地元の漁師の方々の熱意に引っ張られる形で、アサリの採貝ルールの策定に関与することになる。

浜名湖の自然、歴史、漁業

1970年（昭和50）、日本がちょうど高度経済成長期の終盤を迎え日本中が物質的豊かさを享受し始めた頃、私は静岡水試伊豆分場から浜名湖分場への異動を突然命じられた。ちょうど、30歳になった頃であった。私は伊豆分場では、元々アワビやイセエビ、海藻などを専門として増殖の研究をしていたのだが、当時の浜名湖の分場長から「ここで既に研究されているノリやカキ、ウナギの養殖の研究をしてもしょうが無いだろう。湖内漁業のことはあまり研究されていないから、そっちをやってはどうか？」と提案され、全く知識を持ち合わせていないクルマエビやアサリの研究をすることになった。今思えば、この選択がその後の浜名湖の漁業者との付き合い方を決定することになるのだが、その時はまだそのような事は知るよしも無かった。

さて、このようないきさつで浜名湖とご縁が出来たわけだが、放流の話をする前に、浜名湖のこと、そしてそこの漁村社会について述べてみたい。これを通じて、当時の浜名湖の漁村がいかに特殊な状況下に置かれていたかが理解できるだろう。

この話の主な舞台、つまり、「エリア」は、大きく見れば浜名湖であるが、その中でも浜名湖の一部として扱われている庄内湖に面した白州、雄踏、村櫛、および舞阪集落である。浜名湖の全体図を、図1に示す。浜名湖の総面積は79平方キロメートル、湖岸の総延長距離は103キロにのぼり、日本で第8位の広さであり、サロマ湖、中海に次ぐ大きさの潟湖（ラグーン）である。水深は、5メートル以浅が大半を占めており、比較的浅い湖である。浜名湖は、元々は淡水湖であったが、1498（明応7）年の明応の大地震、今でいう南海地震によって浜名湖の地盤が低下し水位が下がったことで、海水が流入するようになった

図1　浜名湖全図（伏見 1983）

と考えられている。また、その翌年に起きた高潮によって地盤の弱かった場所が切れて、今切が形成された（八木1985：34―35）。つまり、現在の浜名湖の生物相は、500年ほど前に形成され始めた比較的新しい状態だといえる。

私が赴任した頃、浜名漁協では、シラス、クルマエビ、カキ、ノリなどが主要な水産物だった。各魚種は特定の漁法によって獲られており、例えば、シラスはシラス船曳網、クルマエビは角建網や刺流し網などとなっている。また、上記の集落毎に扱う魚種と漁法が異なっており、さらに隣接する集落でも魚の名前が異なるというのも、浜名湖の特徴であろう。例えば、「ドウマン」というのがおり、たいていの場合はノコギリガザミ（ワタリガニの仲間）を指すが、場所によってはミズクラゲを指すことがある（伏見1985：28―33）。したがって、漁師に漁獲の聞き取りをする場合には、その人がどこの集落出身者なのかを把握しておかなければとんでもない間違いをすることになる。

このように集落毎の言葉の違いは、魚の名前だけに限ったことではなく、日常生活においてもそれぞれ異なる「方言」を用いている。なぜ、隣接する集落同士であっても、このような違いが現れるのであろうか？　そのわけは、江戸時代までさかのぼって考えなければならない。江戸時代、幕府は「入鉄砲に出女」といわれた、江戸へ入ってくる武器の監視と江戸で人質となっている諸大名の子女が自国へ逃げることを取り締まる目的で街道に関所を設けた。東海道では、特に箱根と浜名湖南西の新居の2カ所が重要な地点であり、人と物資の検査が厳しく行なわれた。この影響により、江戸時代はいかなる湖面交通も禁止され、湖内で自由に漁をすることも日常生活や婚姻などで集落間を水上移動することも制限されていたのである。この歴史的背景が、戦後の復興や高度経済成長期を経てもなお、この地域一帯を分断する機能を果たし続けていた。

浜名湖では、以上のような湖内の自然環境、歴史的背景の上に集落毎の性格や漁具・漁法が決まっていたのである。私は、そのような状況の中でクルマエビ放流とアサリの資源管理を進めることになった。

試行錯誤で進めたクルマエビ放流

暗中模索の日々

先述のように、私は、伊豆分場ではアワビ、イセエビ、海藻の増殖を専門としていたので、クルマエビについてはまるっきり素人であった。また、当初は、種苗放流して自然界の中で育てるというのはいかがなものかとの思いもあった。浜名湖におけるクルマエビ放流は、瀬戸内海各県に比べると後発であった。したがって、まずは既存の事例を調べることから始めようと考えた。ところが、調べていく内に、実はどのくらいのサイズまで育ててから放流するべきなのか、エサの分量はどの程度なのか、単位面積当たりどの程度の密度で飼えるのかなどといった基本的な情報さえ整理されていないということが、分かってきた。とはいえ、やると決めたからには何か始めなければならない。そこで、まずは水質調査や生息調査、市場調査などを行い、浜名湖におけるクルマエビの生息環境と漁業の実態を理解することにした。明け方、まだ暗い内に漁港へ行き、競りの始まる前に体長を測定した。体長組成の解析を行なうには、サンプル数が10や20尾で足りるはずがなく、競りが始まる前までに1000〜2000匹のクルマエビを測定しなくてはならない。また、当時はサイズ毎に上芝、細巻、小巻、中巻、巻、ノジ（死んだエビ）と6つに別れており、銘柄毎の漁獲量を集計する必要もあった。さらに、クルマエビの水揚場は白州、雄踏、村櫛、鷲津、入出と広域に分布しており、それを1日で回る必要があった。これを定期的に、手助けもあったものの殆どひとりで車を走らせて調査を進めた。

このような事をしているうちに、国からクルマエビ放流技術開発事業の予算が入り、栽培漁業センターで生産された種苗を湖内で中間育成し放流するという計画が持ち上がってきた。この計画では、過去の統計から、年平均60トンの水揚を目標にすることが決められた。この値は天然のクルマエビ漁獲量が統計上の最低になったときに、年平均漁獲量を達成できる量を意味した。私は、この目標を達成するために600万尾の稚エビ（平均体長30ミリ）の放流が必要であると見積り、平均体長15ミリの種苗2000万尾を囲い簀で中間育成し30ミリまで育てることにした。

地元漁師との中間育成と放流

栽培漁業センターで孵化させた種苗2000万匹を育てるには、それ相応の規模の中間育成場が必要になる。また、放流は国からの委託事業なので、浜名漁協を構成する8つの支所全ての協力を得る必要がある。しかし、これは、容易なことではなかった。というのは、先に述べたように、この地域一帯は全ての集落が歴史的に分断されていて必ずしも互いに良い関係ではない。それに輪をかけるように、浜松市が庄内湖に流れ込む小河川に建設することになった下水処理場の是非を巡る浜名湖を二分する議論や後に詳述するアサリの漁獲を巡る争いなど、一触即発の状態が続いていた。このような状態で、お上から降ってきた事業を「はい分かりました」と言って漁協が手を組んで進めるはずがない。かといって、このまま放流を実施しなければ、資源が枯渇するのは目に見えているのである。私は、その時、地元漁師に向かって「争いが必要ならすればいい。でも、漁はどうする？　放流しなければクルマエビは増えないし、そうなれば漁も出来ないよ。俺は、自分の仕事をするだけだ」と言ったのを覚えている。そして、結果的に、白州の青壮年部がこの放流事業を手伝ってくれることになった。

図2　現在の白州支所（渡辺撮影。港の左側の干潟が当時の中間育成所）

　放流は、まず、白州漁港の近くに中間育成場を作るところから始まった（図2）。15ミリの種苗をその倍の30ミリに育てるためには、常にエビの状態や生育環境をモニタリングし、エサやりを行なう必要がある。この作業を、白州の人々が学んでいく中で、放流事業への理解も少しずつ進んでいった。そしてだんだん慣れていくにつれ、中間育成に関する作業だけでなく、漁獲物の測定や市場での伝票集め、放流効果の検証に必要なタグ付け、放流後のサンプリングなども白州支所のスタッフ総出で手伝うようになり、最終的には放流に関わる全てのプロセスを会得するに至った。そして、放流事業が終了する1983年には、以前は浜名漁協全体で3〜4億円の売り上げだったものが10億円を超え、水揚げ量も100トンに達するまでに資源量が増えたのである。

ここで特筆すべきことは、白洲の漁師と協力して作り上げた大規模な囲い網を用いたクルマエビ中間育成の技術は、他に類例を見ないものであったということである。それまでの囲い網式中間育成では、囲い網を張ってから駆除剤であるサラシコなどを撒き種苗を食べてしまう食害生物を駆除した後、稚エビを収容するのが当たり前だった。また、その収容密度も1平方メートルあたり数千尾と非常に密なものだったので、稚エビを放流する段階で生き残ったのは僅か数パーセントにすぎなかった。私は、白洲の青壮年部の協力を得て干潟に2メートル四方で底網のついた実験用の囲い網をいくつも設け、適正な収容密度と食害生物として代表的なヒメハゼによる食害の影響を調べた。その結果、適正な稚エビの収容密度は1平方メートルあたり、150尾から200尾であること、ヒメハゼの食害よりも高密度収容の影響のほうが生存率に大きなインパクトを与えることを知った。そこで、下げ潮時もしくは干潮時に長い囲い網を皆で持ち、波打ち際から沖に向かって外敵生物を追い出すように網を展開する方法を見出した。こうすれば、サラシコなどの化学物質を用いて囲い網内の生き物を駆除することをしないでよい。さらに、囲い網内に収容された稚エビの行動を皆で観察し、上げ潮時、下げ潮時、または満潮時のどのタイミングで稚エビを囲い網内に収容したらよいかも明らかにした。これらの実験と試行はすべて白州の漁業者とともに行ったので、私の結論は皆の結論でもあった。こうして、クルマエビの大規模囲い網による中間育成技術が作り上げられた。ちなみに、ここで作った最も大きな囲い網は200メートル×100メートル、2万平方メートル（2ヘクタール）に達し、おそらくわが国最大の囲い網であっただろうと思う。白州でのこのような試みは、浜名湖の本湖側にある鷲津や村櫛の漁業者にも伝わっていき、同じような取り組みが行われるようになった。

エビ放流でうまれた新たな地域のかたち

このエビ放流事業を通じて、浜名湖の漁村社会はふたつの変化を経験した。まずひとつは、白州集落内部での変化である。当時、白州集落に持ち上がった汚水処理場の建設問題は、集落内部でも軋轢を生むことになった。白州に住むたいていの人は建設に反対であったが、他方で、数名の村人は、村の将来を見据えて賛成に回った。しかし、狭い共同体の中でこのような声が受け止められるのは、なかなか難しい。結局彼らは、多くの反対派の村人とは疎遠にならざるを得なかった。しかし、この放流事業が開始されると、中間育成場の造成などの共同作業には彼らも積極的に参加し、また、他の村人も参加を拒むことはなかった。そういう意味で放流事業というのは、白州においては、村落社会におけるセーフティーネット的な役割も多少担うことができたのかも知れない。

もうひとつの変化は、集落間の関係である。白州で放流した稚エビは、成長しながら浜名湖の湖口である今切を経て遠州灘へと移動する。したがって、せっかく白州の漁師が中間育成をして放流しても、小さいサイズのエビしか獲ることが出来ず、大きなエビは白洲の下流にある雄踏と舞阪に獲られてしまうので、彼らにとっては納得のいくことではなかった。とはいえ、小さなエビであっても放流によって漁獲量は確実に増えることが実感できるので、「放流したら他の人にも獲られるが、放流しなければ自分達の取り分はもっと少なくなる」との思いで放流を続けた。さらに、放流効果を検証するために、稚エビには体を貫通するタグを刺してどの場所でどのサイズのエビが獲れたのかをモニタリングできるようにしていたので、下流の集落でも白州の漁師の努力がエビの漁獲量の増加につながっていることが理解されるようになってきた。そうすると、「白州だけに苦労をかけさせるのは申し訳ない」と言って、中間放流を手伝うようになってきた。歴史的な要因で分断されていた集落は、エビ放流を通じて上流と下流がひとつの資源でつながっていることを肌で感じることができるようになり、集落同士の関係性も変わっていった。元々白州から始まった大規模な囲い網の設置は、最終的には庄内湖の漁業者全員の協力によって行われるようになったのである。

アサリが育てた地域コミュニティー

アサリの資源枯渇問題

クルマエビ放流については、これまで述べてきたとおりであるが、私は、同じ時期にアサリの放流と採貝規制についても関わることになった。そのいきさつは、次のとおりである。

私がクルマエビ放流に携わっていた頃は、放流効果の検証と併せて湖内の水質の測定やエビ以外の水産物調査なども行なっていたが、その話を聞きつけた舞阪の村越氏がアサリの資源回復について相談に乗って欲しいと訪ねてきた。彼は、舞阪で底引き網に従事されていたのだが、アサリの水揚げ量の減少に頭を悩ませていた。

そもそも、浜名湖のアサリ漁は、元々は漁師の生業とはみなされておらず、「女、子ども、老人がするもの」という捉え方をされていた。また、漁業権の設定もなかったし、水揚げ量さえ把握されていなかった。しかし、1960年代中頃（昭和40年代）に入って世の中でアサリの消費量が増えその価値が上昇してくると、三河の仲買人が浜名湖のアサリに目を付け、舞阪の漁師達に道具を与えて採ってきたものを全量買い取るという、大規模な採貝が始まった。この当時の水揚げ量は相当なもので、アサリを山積みにした漁船が今にも沈みそうになりながら走っている風景をよく見るようになった。そしてこのアサリ漁は、程なくして舞阪以外の集落へも波及すると、1970年代中頃には採貝者が1000人を越し浜名湖の主要な漁業へと変貌を遂げることになる。

アサリ漁が盛んな頃は、砂に手を入れるとアサリが4層にも5層にも重なるなど、今では想像が出来ないほど量が豊富だった。しかし、船一杯のアサリを1000人もの漁師が寄ってたかって毎日獲るのだから、さすがに水揚げ量は下がり始める。しかし、先述した汚水処理場建設を巡る浜名湖を二分する論争、そして、新居が他の地区の了解を得ないでアサリの養殖場を作って独占したことに端を発した舞阪漁民との闘争といったことが重なり、一触即発の状況が続いている最中だった浜名湖では、アサリの資源回復のために皆で協力し合おうという雰囲気ではなかった。また、私自身も浜名湖の資源量が減っていることは気づいており、なんとかしなくてはと考えていたので漁協の組合長に相談に行ったこともあったが、資源の管理に取り組むことはなかった。多くの採貝業者は、このままではアサリ漁はダメになってしまうことは気づいているにもかかわらず、ギクシャクした人間関係の中で、どうすることも出来なかったのである。このような状況にも関わらず、先述の村越氏は強い危機感のもと、クルマエビ放流の先行事例を頼りに私のところへ相談に来られたのだった。

アサリ採貝の自主ルールの策定

村越氏はその篤実な人柄から舞阪の漁民たちから信頼されているだけでなく、漁協の中でも非常に人望の篤い方だった。彼は、私がクルマエビの調査から戻ってくると、毎晩私のもとに来

表1　浜名湖の漁業種別漁獲量変化（伏見 1983a）

年	1979		1980		1981		1982	
漁獲高	(t)	(千円)	(t)	(千円)	(t)	(千円)	(t)	(千円)
船曳網	1,767	952,828	3,547	1,267,970	3,370	1,539,519	3,510	1,870,760
流し網	21	70,649	27	104,946	16	91,155	40	117,342
袋網	616	362,897	720	448,271	563	434,472	642	491,209
メッコ網	3	78,839	2	216,754	5	93,946	1	116,278
囲目網	14	5,399	23	8,529			12	10,057
刺網	116	159,237	123	172,574	164	250,036	111	179,349
底曳網	236	166,899	306	241,018	356	258,929	361	309,731
アユ曳網	7	84,706	5	85,625	0.5	34,940	1	38,080
カツオ一本釣り	15	23,596	73	51,648	5	4,682	101	56,093
引縄釣	104	73,182	31	22,135	32	38,239	129	91,070
たきや	7	19,369	6	20,322	5	19,831	3	14,615
ハエナワ	23	52,195	16	45,046	19	37,883	15	34,545
から釣	8	10,590	8	9,242	4	8,084	1	1,011
養殖漁業	5	6,661	7	9,281	5	8,027	5	7,545
雑漁業	34	49,592	16	24,756	1	499	13	25,213
ノリ養殖（生）	104	10,644	118	40,728	251	38,124	339	50,962
ノリ養殖（干）	19,390千枚	180,347	12,571千枚	139,882	14,461千枚	117,144	9,085千枚	77,676
採貝	2,809	448,460	1,513	390,857	3,736	907,795	7,832	1,746,486
カキ※	(85)	(128,000)	(227)	(249,480)	(228)	(251,133)	5	8,247
	19,390千枚		12,571千枚		14,461千枚		9,085千枚	
合計	5,889	2,756,126	6,562	3,340,714	8,535	3,884,438	13,123	5,246,269

＊（　）は共販外を含む。（浜名漁協業務報告書による）

ては遅くまで話し込んで帰って行った。アサリについては、試験場の用務ではなかったが、この熱心さにひかれて日のある内はクルマエビ放流関連の業務を行ない、夜は村越氏の相談を受けるという日々がしばらく続いた。

ところで、ここに１９７９（昭和54）から82（昭和57）年までの浜名漁協における漁業種類別漁獲高の変動を示した表がある（表1）。この表の下からふたつ目がアサリの漁獲高になるが、82年の漁獲高は前年に比べて倍を記録し、売り上げは17億円を超えている。

これは、浜名湖から実際に水揚された量が倍増したのではない。実は、流通の経路が仲買人から全て漁協へ変わったためである。その背景には、1974（昭和49）年から始まったアサリの採貝を巡るルールの影響があった。

静岡水試浜名湖分場では1976（昭和51）年からアサリの水揚げ量を調べてきたが、79（昭和54）年の秋頃から貝の漁獲量が目に見えて減ってきた。そして、この調査結果から、1980（昭和55）年夏から翌年にはアサリ採貝業が存亡の危機に瀕する可能性が高いことが分かってきたのである。我々は、この状況を浜名漁協に伝え、採貝業を維持するためのルール作りを提案した。この提案を受ける形で、1980年に採貝協議会連合会が組織され、この初代会長に先述の村越氏が選任された。同年3月15日と17日に開催された連合会の会議では、アサリ資源が枯渇する恐れがあり規制措置を講ずるべきであるとの考えは、参加者全員で了解された。しかし、違反者への罰則が厳密に実行されないのではないかとの懸念から、罰則の実効性に対して疑問視する声が相次いだ。そのため、会議では、アサリ漁を現状のまま放置し、どん底に落ちた後に再出発しようとの意見もあった。しかし、私は、以前の赴任地である伊豆にあった漁協の例を出して、一度漁業が崩壊寸前まで行くとその立て直しは難しいことを訴えた。そして最終的には、連合会自らが採貝のためのルール作りを行なうことが合意され、同年3月26日に浜名漁協の名で通達された。通達文については、資料1、2、3（伏見1985）のとおりであるが、採取可能なサイズの制限、1日当りに採取できる量の制限、休漁日および禁漁日ならびに採業時間の設定、操業中を知らせ

資料1

採貝業者殿

昭和55年3月26日
静岡県浜名郡舞阪町舞阪2118番地の19
浜名漁業協同組合　印

理事会，漁業管理委員会，採貝協議会決定事項

1．大きさの制限	4分以下の稚貝は絶体に採取してはならない。
2．採取数量の制限	1日の採取量は5袋以内とする。（昭和55年4月1日より実施）
3．休漁日	4月1日から11月末日までの期間は，毎週水曜日及び土曜日を休漁日とする。12月1日より翌年3月末日までは土曜日を休漁日とする。（昭和55年4月1日より実施）
4．禁漁日の設定	放卵区域を設定し，禁漁区とする。位置，面積は次のとおり禁漁区内は水産試験場が調査のため採取する時及び組合が解禁した時以外は一切の採貝を禁止する。
5．採業時間	採貝の操業は日の出から日没までとする。（即日実施）
6．採貝旗の標示	操業中は必ず採貝旗を掲げること，採貝旗を掲げていない者は，操業を停止させ，帰港させる。（即日実施）
7．整理作業	整理作業は必ず採取した現場で行い，トーシ下はその場所に放流すること。
8．査問委員会の設置	査問委員は，採貝協議会連合会会長，副会長及び鷲津支所，気賀支所，村櫛支所，白洲支所から1名づつの8名とする。
9．違反者の措置	違反者には昭和53年11月27日通知済の罰則を適用する。
10．稚貝放流負担金	1人15,000円を徴収する。集金方法：春季旗交付時に10,000円，秋季放流時に5,000円を徴収する。
11．伝票扱について	全額伝票扱いとする事について全面協力する。

資料2

公　示　　　　昭和55年３月26日

昭和55年３月26日開催の理事会に於いて下記の通り決定したからここに公示する。

1．採貝の休漁日設定　昭和55年４月１日より昭和55年11月30日迄は
毎週水曜日及び土曜日を休漁日とする。
昭和55年12月１日より昭和56年3月31日迄は
毎週土曜日を休漁日とする。

2．採貝禁漁区の設定
下記の通り。

静岡県浜名郡舞阪町舞阪2119番地の19
浜名漁業協同組合
組合長理事　宮崎啓三

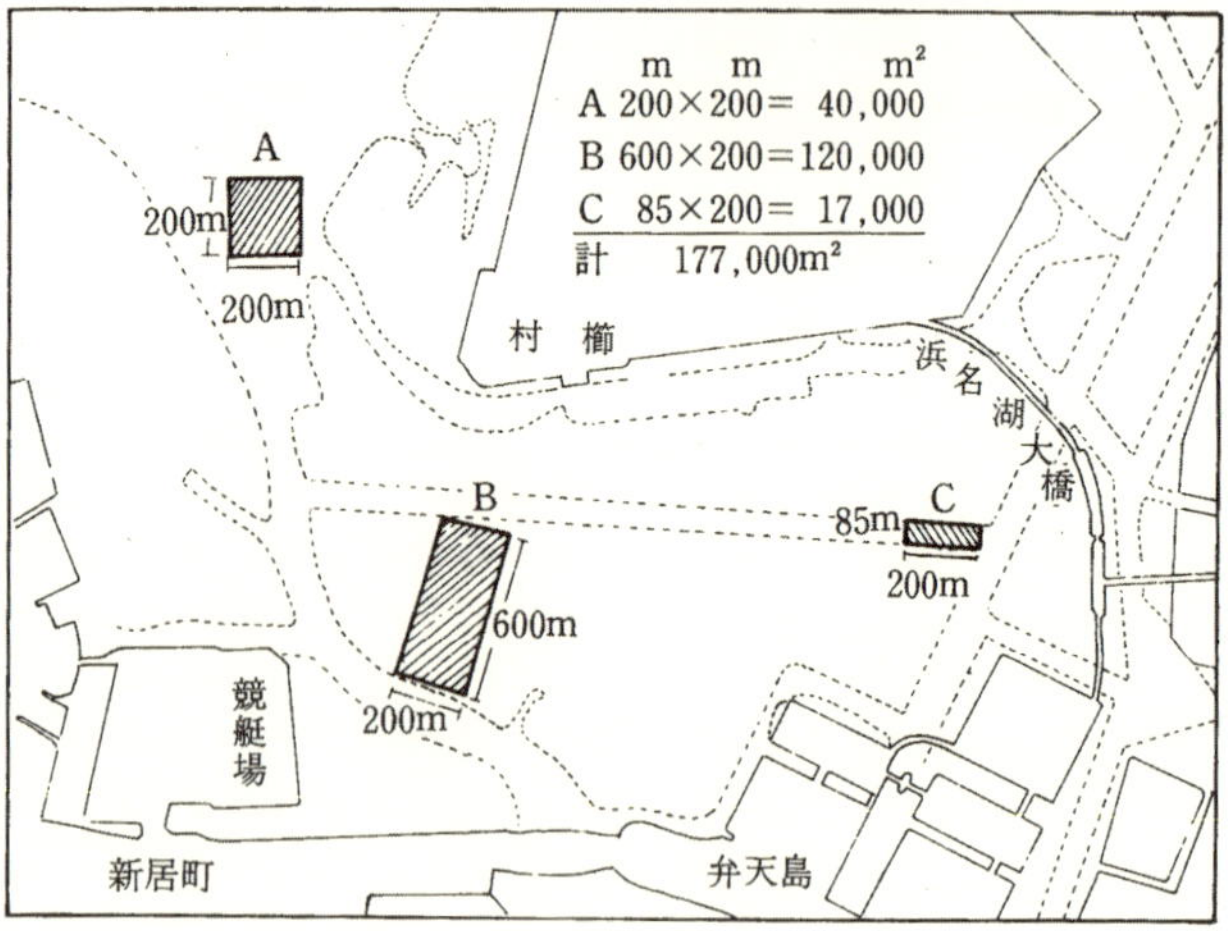

資料3

採貝漁業者殿

昭和53年11月27日　浜名漁業協同組合
組合長理事　宮崎啓三

漁業権行使規則違反者に対する処分について

先般より行使規則に定められた規格以外の小粒な貝は採らない様警告文を発する等，再々注意をしてきましたが，守らない者があることから組合では資源保護と安定した採貝漁業が永続できるべく，違反者の取り締まりを強化することとなり下記のとおり罰則を定め処分することにしましたので通告いたします。

記

違反第一回の者	3日間の操業停止
違反第二回の者	1ヵ月の操業停止
違反第三回の者	1ヵ年間の操業停止

違反者が操業停止期間中にその禁を破り出漁した時は直ちにその日から1ヵ年の操業停止とする。

（注）　この罰則は仲買人にも適用するので，違反者が出るとその仲買人に売っていた人全体の売先がなくなるので責任の重大さを各自よく自覚すること。

る旗の標示、違反者への措置、稚貝放流負担金の拠出額が取り決められた。こうして3月26日に発せられた自主ルールは、4月1日からの執行というスピードで実施されたのである。

この自主ルールにおいて、最も実施が困難と思われていた項目のひとつが、違反者への罰則であった。実施前は、1000人以上もの漁師が参加しているアサリ漁において、違反者が出ないとはとうてい考えられなかったが、蓋を開けてみるとそれは杞憂に終わった。全く違反者が出なかったのである。これだけ混乱が起こらずスムーズに新しい制度に移行できたのは、採貝協議会連合会の役員は各地区から輪番で回ってくる役職であり、いつかは自分がルールの決定や監視役をしなければならないとの認識があったことや、アサリの資源状況が悪化しているという共通の危機意識があったこと、採取量が制限されたことで他の漁師と競い合って取る必要が無くなったことなどが挙げられる。つまり、この段階において、アサリは守るべき（ケアすべき）共通の資源として認識され、ケアを実施する集団（コミュニティー）が成立したといえるだろう。

クルマエビとアサリへのケアが浜名湖の漁業者コミュニティーにもたらしたもの

地域資源のケアによってもたらされた経済的利益

さて、ここまでクルマエビとアサリの放流や漁獲規制によって、人々の関係性に変化が現れた経緯について見てきた。ここでは、これらケア活動によって得られた収益、つまり漁獲量や漁獲高の変化について見ていきたい。前項表1では、82（昭和57）年のアサリの漁獲高が前年の倍に増えたことを述べたが、その背景には、前述した漁獲規制に加えてもうひとつ、重要なルールの取り決めが影響していた。それは、「全額伝票扱いにする」というものである。この伝票扱いとは、これまで仲買人へ直接アサリを卸していたのを禁止し、他の漁獲物同様、漁協へ荷揚げをして競りにかける仕組みに変えることを意味する。これによって、漁協はアサリの水揚げ量を把握できるため、適切な放流量と漁獲量の管理が出来るようになる。しかし、このルールは、他の漁獲規制に比べて容易に始められるものではなかった。その理由のひとつは、仲買人の強い抵抗である。これまで浜名湖で流通する全てのアサリは、仲買人組合が実権を握っていた。もし、漁協が流通管理をするとなれば、それは仲買人組合の崩壊を意味するため、到底受け入れることができない。また、もうひとつの抵抗は、漁師からによるものであった。これまで、仲買人へ直接卸していた漁師達は、売り上げをその場で現金で受け取るのだが、その受け取った現金のうち、家庭に入るのはごく一部でそれ以外の売り上げは浜松の競艇場や市街地の歓楽街で消費されていた。これを、彼らは、「下を刎《は》ねる」「上を刎《は》ねる」という言い方をしていたのだが、下を刎ねるとは、例えば、売り上げが15万3000円あれば、5万3000円を自分の懐に入れて残りを家計に入れることであり、逆に、上を刎ねるというのは、15万を自分の懐に入れることを意味している。つまり、漁師の妻は、彼らが得ている実際の収入を知る由がなかったのである。これを全て漁協で伝票扱いとして、一括して家庭の口座に振り込まれるのだから、当の漁師はたまったものではないのである。このようなふたつの事情により、1980（昭和55）年4月に施行された採貝規制には、条文の中に書かれていたものの、伝票扱いを実行に移すことは出来なかった。

しかし、その1年半後の81年10月になって、この伝票扱いが実施されることになる。その契機となったのが、税務署による監査税務指導である。ちょうど新しい漁業規則を作る頃から、漁師への税務調査が頻繁に行なわれるようになり、青色申告の違反が摘発され始めた。これまで、アサリは、仲買に持っていけばどんなサイズのものでも全量を買い上げてくれ、漁協に分金を納めることもない非常に都合の良い商品であった。しかし税務申告の適正化を契機に、アサリ漁師達は、全ての漁獲物を漁協に水揚げすると同時に伝票扱いへ完全移行する事にした。そしてこの段階において、漁協は資源量のモニタリングが可能となり、82（昭和57）年に初めて、浜名湖の真のアサリ水揚げ量が明らかになったのである。

この伝票扱いであるが、実は、漁師達にも、期せずしてこれまでとは異なった恩恵をもたらすことになる。漁協から月に1度振り込まれる金額を見て、一番に驚いたのは、家計を管理する漁師の妻であった。それもそのはずで、これまでの振込額とは桁違いのお金が家計の収入になるのだから、彼女たちの喜びようは想像に難くない。もちろん、当初は、お父さん達は「こんなに収入があるのを隠してたの！」と怒られたかもしれないが、新しい家がどんどん建てられ、車を買い換えることも出来るようになると、彼らの家長としての地位は確実に上がっただろう。これは、彼らの自負心を満足させるのに十分であったし、アサリの漁獲規制が自分達の生活を脅かすものではなく、向上させるために必要であるとの確信にもつながった。表1の水揚げ量は、漁獲制限を実施した後のデータであるので、それ以前の取り放題の時代にはこの何倍もの水揚げ量があったと予想されるわけだが、漁獲量が減ったにもかかわらず実質的に家計が潤ったことが、地域資源としてのアサリのケア活動を継続するために非常に重要だったのである。

次に、もうひとつのケア活動である、エビ放流事業に話しを移そう。1981年に我々が白州においてエビ放流の効果を推定してみたところ、漁獲量が42％増加したことが明らかになった

（伏見１９８３ａ：２３６―２５３）。この効果は、一緒に放流を実施した白州の漁師たちも実感していたし、放流効果が実感できたからこそ、その下流の村櫛、雄踏、舞阪の漁師も協力するようになったのである。また、クルマエビの浜値の単価が上昇したことも、彼らが放流を継続する強いインセンティブになった。白州の漁師は、元々、クルマエビを漁協で競りにかけていたが、あるとき、浜松で競りにかかるものと比べて価格が半値以下で安く買いたたかれていたことに気づいた。それからは、自分達でトラックを調達して浜松へ出荷するようになり、放流による漁獲量の上昇と相まって大きな利益を得ることに成功した。そして、結果的に、放流事業が終了する１９８３年には、それまで3〜4億円の売り上げだったものが10億円を超え、水揚げ量も１００トンに達するまでに資源量が増えた。

白州の人々は、自ら育てたエビを自らの手で出荷し経済的な豊かさを得ることを実感できるようになると、これを維持するための工夫や努力を惜しまなかった。この放流事業が終了した１９８３年以降は、漁業者自らそれぞれ1万５０００円を出資し、この放流を続けていったのだ。もちろん、その頃になると、中間育成から生育モニタリングまで、私が教えることはひとつも残っていなかった。

まとめ――浜名湖のACサイクル

最後に、浜名湖のクルマエビとアサリを巡るACサイクルについて、まとめてみたい。図3の上は、クルマエビ放流事業を通じたACサイクルの形成過程を示している。サイクルのスタートは、水産庁からの委託費を用いた種苗放流技術開発事業である。この委託費を用いて、多いときには1700万尾の種苗を中間育成したわけであるが、それを担ったのが白州の漁師達であった。したがって放流当初は、地域資源であるクルマエビの直接的な利用者集団は白州の漁師であり、彼らが地域資源を育てモニタリングするというケアの担い手だった。その後、白州での中間育成の取り組みが他の集落に認知され自分達の収穫量の一部を担保してくれていることが理解されるにつれて（ACでは「理解」もケアの一部と捉えている）、村櫛、雄踏、舞浜といった下流域の漁師達も利用者集団（コミュニティー）の中に取り込まれていった。ここで特筆すべきは、コミュニティーの空間的な範囲（エリア）が、次第に放流クルマエビの生息範囲に近づいていったことである。つまり、白州という限られたエリアでのみ行なわれていた活動が、稚エビだけではなく下流域で成長したエビまでも含めてこの地域共通の資源として人々が認識したことで、コミュニティーもケア活動もそのエリアを拡大させていったのである。残念なことに、浜名湖のクルマエビ漁は、世界的に流行したホワイトスポット病によって1990年代に衰退してしまった。

しかし、当時のコミュニティは今でも残っており、放流前のころのような集落が分断された状態に戻ってはいない。また小規模ではあるが、いまも放流活動は続いている。ACサイクルは小さくなったが、一度このサイクルによって作られた地域のかたちは、いまもこの浜名湖に残っている。

次に、図3下のアサリについて見ていこう。このACサイクルは、ケア活動、つまり採貝協

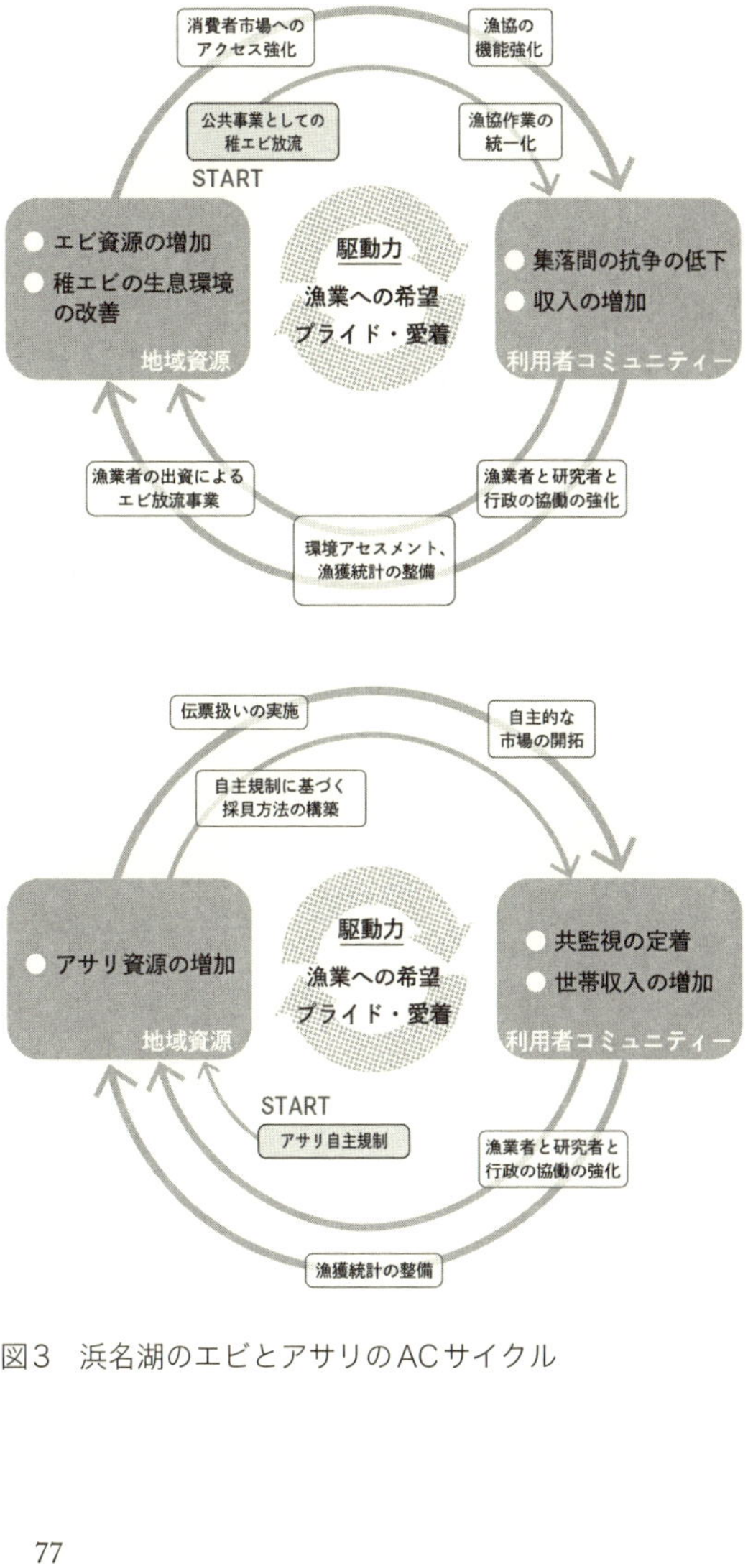

図3　浜名湖のエビとアサリのACサイクル

議会連合会というコミュニティーの形成とアサリ漁自主規制の作成から始まる。この協議会で定められたルールに従って、この地域に適した採貝方法が適用された。さらに、当初の規制では実現できなかった伝票扱いを翌年に実施すると、漁師及びその家族は経済的な豊かさを実感することができ、これが更なるケア活動に結びつくというACサイクルが形成された。なお、この場合、協議会発足当初から浜名湖の採貝業者全てが参加していたので、クルマエビ放流のようなエリアが途中で拡大するということはなかったが、伝票扱いというルールを受け入れたことは、これまで漁師だけが採貝による経済的メリットを受けていたものが家族全体へ波及したことを考えると、資源の直接的利用者の構成員として漁師の家族を取り込んでも良いだろう。

以上のように、両者のACサイクルは、同じ浜名湖という地域であっても資源の種類やその利用者集団および資源化するに至った経緯によって異なることが分かる。ACサイクルの特徴や目指すゴールの詳細については、姉妹編の終章や本書二部一章で詳述するのでここでは割愛するが、複数のACサイクルがひとつの地域に存在し、それを利用する集団が重複しながら成り立っている典型例として、ACを理解する上で多くの示唆を与えるものであるといえるだろう。

参考文献

伏見浩 a「静岡県浜名湖における種苗放流とその成果の見積り」（『つくる漁業』社団法人資源協会、1983

年）
伏見浩b「静岡県浜名湖におけるアサリ漁業の管理とその増産実績」（『つくる漁業』社団法人資源協会、１９８３年）
伏見浩「浜名湖周辺域における水産動物の地方名称」（静岡県文化財調査報告書　第32集『浜名湖の漁猟習俗Ⅱ――浜松市・雄踏町・舞阪町』静岡県教育委員会、１９８５年）
八木洋行「浜名湖の伝承地名」（静岡県文化財調査報告書第32集『浜名湖の漁猟習俗Ⅱ――浜松市・雄踏町・舞阪町』静岡県教育委員会、１９８５年）

第3章　厚岸のホッカイエビカゴ漁

濱田信吾

筆者が初めてホッカイエビを見たのは平成24年6月某日、午前8時開始の朝競りを待つ厚岸《あっけし》漁業協同組合地方卸売市場（以下市場）であった。正確には、ホッカイエビを認識してその漁獲物をみたのが市場だった。ニシン文化に関する博士論文研究のため1年間のフィールドワークを行っていた筆者は、前年の平成23年10月から11月にかけてシシャモ底曳き網漁の参与観察を行っていた。ニシンがシシャモとともに混獲されるための参与観察だったが、その際にホッカイエビも微量ながら、数回混獲されていた。しかしその時は特別な注目はせず、防水メモに混獲物の一種として「シマエビ」と書き込んだだけであった。

パック詰めされステンレス製テーブルの上に重ね陳列されたエビが、ホッカイエビであることを買受人から教わったその日、普段は市場に顔を出さない漁師のTさんがいた。競りが始まる直前であったため、軽い挨拶を交わしただけであったが、ホッカイエビを囲む買受人とその前に立つ競り人から少し離れた位置で、状況を観察するかのように静かに立つ様子が印象的であった。競りがはじまり、競り人が発する競り値を聞かずにそれを遮って、Aさんの掛け声が場内に響き渡った。即座にAさんは「おぉ高いな」と苦笑いで呟き、他の買受人によるどよめきと同時に笑いを誘った。(1) Tさんも、競りの中心からは離れた位置で立ち、驚きの表情を見せながら顔に笑みを浮かべていた。その日は、その年のホッカイエビ初競りの日。そして特大サイズが「大黒シマエビ」のブランド名で初めて市場の競りにあがった日だった。ご祝儀相場で大黒シマエビを競り落としたAさんは競りが終わり加工場へと戻る際に話してくれた。「初日だし元気にいかないとね。それに漁業者が頑張ってくれたんだから」。

本章では、北海道厚岸町におけるホッカイエビの地域利用を資源管理と食システムの視点から考える。ホッカイエビの事例は、いかにACサイクルがエビという資源のみに限らず、知識や人々という資源も取り込みながら地域力を高めていったかを示す。以下では、漁業者による科学的知識の発見と享受、漁業者だけではなく他の関係者にも広まったエビに対するケア、そしていかに「恥の回避」の文化的意義がACサイクルの駆動力として作用しうるかについて考える。最後に、「漁師から漁業者への変容」を伴いながら、いかにホッカイエビACサイクルが地域社会と生態環境の持続可能性を高めうるかについて論じる。

地域資源としてのホッカイエビカゴ漁

北海道厚岸町は、道東に位置した人口約1万人の水産と酪農業の町である。水産業では、年中出荷が可能な牡蠣や、サンマ、サケ、そしてコンブなどが主要産物だが、サケ・マスに関しては、近年のロシア200海里水域における日本の流し網漁禁止に伴い、漁獲量が激減している。地元の漁業協同組合の組合員のほとんどは船外機船を使った小規模な沿岸漁業に従事する。漁業活動が営まれる厚岸湾と汽水湖である厚岸湖は、多くの魚種の産卵場や仔稚魚の生息域となるアマモやホンダワラなどの藻場が広範囲に高い密度で広がっている。日本各地の沿岸地域と同じく、厚岸で漁業対象となる魚種は多種多様だ。松川鰈を含むカレイ類からシシャモ、ニシン、チカなどの回遊魚、そしてアサリやホッキ貝、ツブ貝、ウニ、ホッカイエビなど、厚岸は知る人ぞ知る魚介類の宝庫だ。

ホッカイエビは、厚岸湖湾を含む北海道の太平洋及びオホーツク海沿岸の内湾や汽水湖の浅瀬に生息する。全国的に知られる水産物ではないが、北海道の夏の特産品である。特に、帆を張り底引き網を引く野付湾の打瀬網漁は風物詩として知られ、道東の観光資源となっている。厚岸町のホッカイエビ漁は、現在カゴ網を利用した漁法で操業されている。多くのエビ漁師は船外機船で夜明け前の早朝に出漁し、湾内に仕掛けた籠をあげる。厚岸で漁獲されるホッカイエビのサイズは、大きいものは12センチから13センチほどに成長する。船上で籠から漁獲されたエビをケースに入れ、籠はまた漁場に沈め戻し仕掛ける。漁獲されたホッカイエビの多くは、帰港後直ちにエビ漁業着業者それぞれの加工場で浜茹でされる。産地でシマエビとよばれるように、漁獲直後の活エビの状態では見えづらいが、ホッカイエビは茹でられた後、その胴体に白色と黄色またはオレンジ色がかった紅色の横縞模様が現れる。帰港から水揚げ後の加工が滞りなく進めば、漁協卸売市場で1日に2度開催される競りに間に合う時間に出荷される。午前と午後のどちらの競りにホッカイエビを出荷するかは漁業者次第だが、夏季はコンブ漁の出漁状況に左右される。

エビは日本国内において最も消費されるシーフードのひとつだ。しかしホッカイエビは、生よりも茹でたものが市場にて高値で取引される点において全国に流通する他のエビ類と異なる。そのため、厚岸のエビ漁業者は、水揚げ後にそれぞれの加工場でホッカイエビを茹でてから、競り人と買受人が待つ地方卸売市場へ出荷する。ホッカイエビを漁獲することはもちろんのこと、新鮮なうちにホッカイエビを茹でて、さらに箱詰めにするまでの加工を漁業者が担っているのが、厚岸のホッカイエビという地域資源の利用における特徴だ。

ホッカイエビ漁業には、以前は70軒近くの漁家が従事し、かご網と底曳き網が使用されていた。しかし、漁獲量の減少とともにその操業者数も減少し、漁法も平成5年よりカゴ網漁のみとなった。平成19年以前の年間水揚げ量は、エビ漁に従事する25漁家の合計で約3トンから5トンほどと不漁状態が続いていた。ホッカイエビ漁業の漁期は半年以上に渡るにも関わらず、売上は各漁家で年間数十万円にとどまるなど、操業にかかる時間と労力、そして経費を考慮するとホッカ

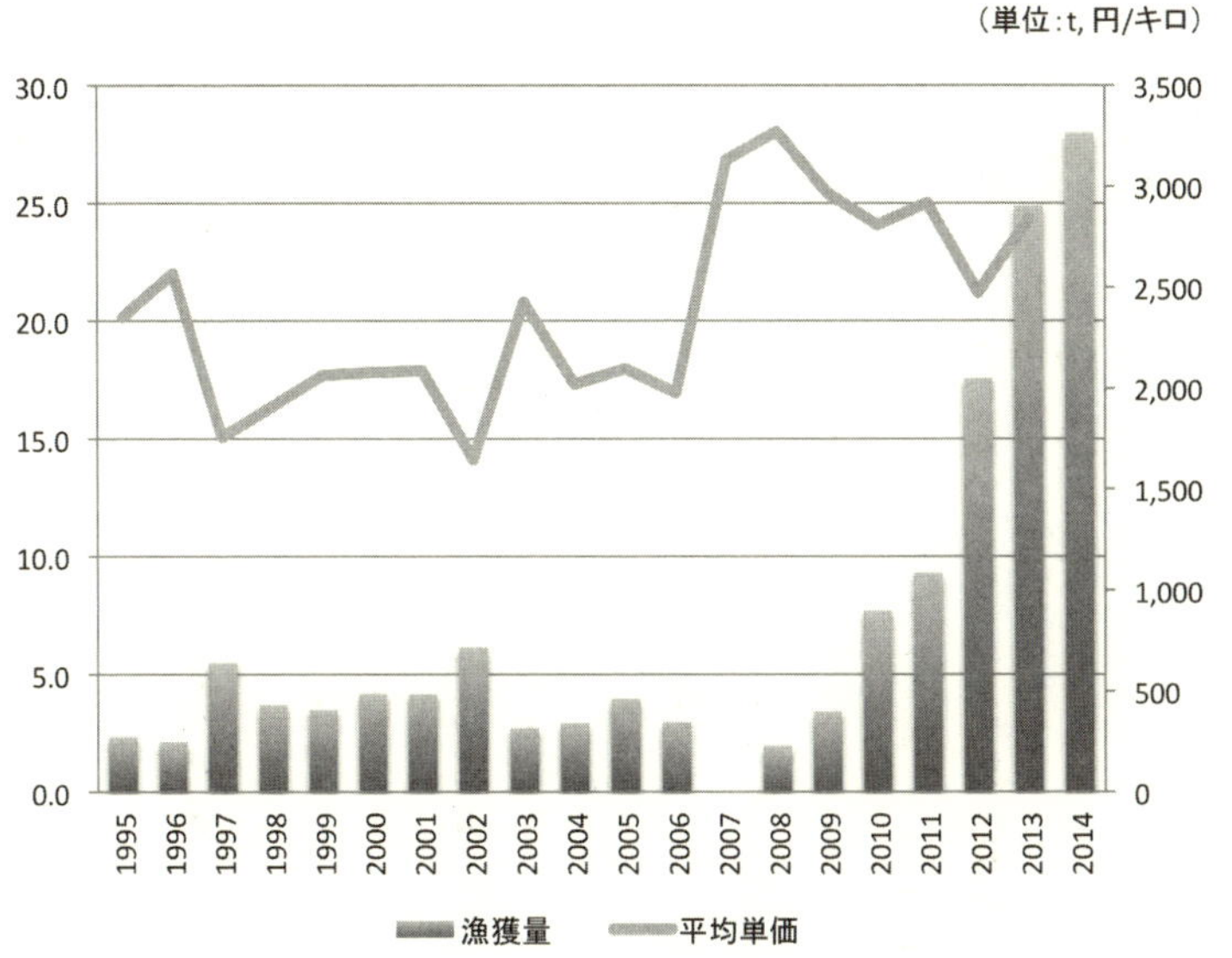

図1　厚岸卸売市場におけるホッカイエビの漁獲高と平均単価の変化。2007年（平成19）は出漁1日の後に休漁となった（出所：厚岸漁業協同組合）

イエビの漁獲量と漁獲高は経済活動としては成立が困難な低水準となっていた。

そして厚岸のホッカイエビ漁は、年々続く不漁と、煮エビ加工の際の衛生面の見直しの必要性を行政機関から指摘されたことをきっかけに、平成19年に1年間の休漁となった。しかし、その1年間の休漁を起点としてホッカイエビのACサイクルは稼働を始め、ホッカイエビは今では多くの魚種が水揚げされる厚岸の地方卸売市場において一二を争う高値で取引される水産物となった（図1）。その過程を以下で遡り、地域資源としてのホッカイエビと沿岸漁業共同体の関係性の変化をたどりたい。

科学知との出会いと地域資源への生物学的関心

1年間の休漁はホッカイエビのACサイクルの稼働のきっかけとなったが、持続的な資源活用の展開は漁業者のみでなされたわけではない。えびかご漁業班の班長は、休漁期間中に釧路地区水産技術普及指導所にホッカイエビ漁の現状について相談のため訪問した。この訪問は、経験知に基づく漁師が最も海や魚のことを理解していると考えていた班長が、科学的知見からのエビ生態史の理解と資源管理予測について学ぶ機会となった。具体的には、班長はホッカイエビの産卵期が8月下旬から9月頃であると経験知として認識していた。しかし指導所の所員から、成熟後にオスからメスに性転換しさらに成熟後に産卵する雄性先熟型の性転換種という特性について聞かされた。ホッカイエビの産卵期は8月下旬から9月とされるが、小エビを漁獲せず成熟するまで待つことによって、性転換の結果として全個体が抱卵する可能性がある。班長は所員から、小エビを獲らない漁業をおこなえば、抱卵個体数と産卵率が高まり、資源加入量の増大の可能性も高まるということを伝えられた。

その当時は、休漁の後にホッカイエビの資源状況が改善し、より良質のエビが水揚げされるという確証はなかった。しかし、科学知に基づく「性転換するホッカイエビ」との新たな出会いは、漁師にとって自らが利用する地域資源としてのホッカイエビを認識しなおす出来事となった。聞き取り調査に協力したホッカイエビ漁師や漁協関係者の全員がホッカイエビの雌雄交代特性について触れており、科学知との遭遇と享受は、厚岸ホッカイエビACサイクルの特徴のひとつといえる。

自主的な操業規則改正と地域資源への水産物としてのケア

ホッカイエビ漁は、指導所が提供した科学的知見と漁業者によるエビかご漁をおこなわれる他地域の見学などをふまえて、平成20年6月に新たな操業規則とともに再開された。小エビの漁獲を避けるため、籠の目合いを1センチ粗くし、小エビが籠網から逃げられるようにした。そして、1隻あたりの籠数を以前の250個から50個へと減少して漁獲圧を減少させ、漁期も半年から2カ月間のみへと短縮することにより産卵期の漁獲を制限した。

また、えびかご班は、買受人の助言をとりいれながら、水揚げ後のシマエビの茹で加工技術と過程の向上を図った。茹で上げる際の塩分濃度や出荷時のパック詰めの仕様なども班内で統一をはかった。箱詰めされるホッカイエビの個体サイズと個数は、以前の大中小の3サイズから中大のみに変更され、それに応じて1箱あたりのエビ数もほぼ均一化された。厚岸漁協の市場部・漁業振興課ではさらに、小型のホッカイエビを市場における水揚げ対象物から除外するという新基準を設けた。これらの決定は、漁獲高の回復とともに、均一化された商品としての厚岸ホッカイエビの市場評価を高めることとなった。さらに漁協では、漁業者が市場に出荷したホッカイエビを競り開始直前まで市場内の冷蔵庫に保存するなど、衛生管理体制の向上によりさらにホッカイエビの付加価値を高める努力がされた。付加価値があがるにつれ、競りに参加する買受人数も増え、単価の上昇につながった。そして、漁再開時に設定された大中の新2サイズに新たに特大サイズが加えられ、その特大サイズは「大黒シマエビ」の名でブランド化された。漁獲量が安定してからは、漁協直売店による特売が開催され、醤油漬けシマエビなどの地元買受人や加工業者によるホッカイエビの調理方法とそれを用いた商品開発が行なわれている。

地域資源のブランド化によるホッカイエビへの関心の可視化は、厚岸における主体間の連携を醸成させ、ホッカイエビACサイクルの発展へと繋がった。買受人や加工業者も、漁業者が上質のホッカイエビを出荷することにより業績向上の可能性を得た。その結果、厚岸ホッカイエビ漁業の資源管理の成功は、第18回全国青年・女性漁業者交流大会において、資源管理・増殖部門の最高賞となる農林水産大臣賞の受賞という形で、地域を越えて、資源管理と利用の全国的な成功例として評価された。この外部評価は、地域の行為主体者の誇りや資源に対する自負、責任感をさらに高めたかもしれない。

地域文化との整合性――ホッカイエビの地域フードシステム

　また、ホッカイエビの恩恵は、消費の面からみても地域社会に浸透している。ホッカイエビACサイクルにおける主体には、生産者としての漁業者の他に、地元で水揚げされるホッカイエビを入手し消費できるようになった住民や、買受人、加工業者も含まれる。先に述べた通り、ホッカイエビは北海道内では高級食材として人気が高い夏の特産品である。厚岸では、茹で上がった後の紅白の横縞模様が縁起がよいとされるのか、ホッカイエビは旬の食材としてのみならず、小学校の夏の運動会にて家族で囲むお弁当にかかせない行事食の食材とされている。一般消費者は、町内の小売店や漁協の直売店にて厚岸産のホッカイエビを購入できる。しかし、近所に住むエビ漁業者からお裾分け、エビ漁業者からエビを受け取った他業者から近隣住民や親戚へのさらなる再分配など、通常の市場経済を介さない贈与経済においてもホッカイエビは地域の消費者のもとへと渡る。市場経済を基盤とする大規模な食システムとは異なる地域社会に根付いた小規模なエリアにおける食システムにおいて、ホッカイエビはある種の地域文化財として、主体間関係の維持と再生産に貢献しているといえる。

ACサイクルの駆動因としての「恥の回避」

ACサイクルを用いた考察では、持続可能な地域資源の利用が発展する諸要因とともに、地域資源のACサイクルを維持し促進する駆動力にも注目する。駆動力となるものは自負心などが挙げられるが、厚岸のホッカイエビのACサイクルでは「恥の回避」という文化的な要因が駆動因となっているようだ。恥は、ある行為を他人がどのように判断し評価するかによって発生する自己が持つ心理的状態である。日本社会では、恥はある行為が自己の内的な道義心を遵守するか否かの判断に基づく罪の意識よりも深層にあるが、罪と恥の意識はともに、他者の眼差しが自己の行動を制御するものとなる。相互関係を悪化させる行為や不義があった場合は、個人的な罪の意識の発生ととらえられる。しかし、恥の意識が生成するような行為を行った場合、それは個人的な罪の意識にとどまらず、行為主体者の社会的立場を脅かすものとなりうる。(2)

そのため、恥の意識は資源利用と環境保全における駆動因であるとともに抑制因となる。漁業者への聞き取り調査では「(大臣賞までもらった後に)またエビ資源がなくなったなんてなったら恥ずかしい」「(資源管理が成功して受賞までしたのに)今さらここにきて失敗というのはダメだ」といった発言が記録された。ホッカイエビの資源管理の改善に関しては、賞賛という他者からの肯定的な評価よりも、むしろその評価の維持を失敗した際の恥を回避することが重要とされる特徴があらわれた。

恥は、個人的な情動のみならず行為主体者が属する集団に対する評価にも影響を与える。共有資源は、匿名性が保障された場合、不特定多数の利用者によって搾取され、「公有地の悲劇」を招く可能性が高くなる。そのため、恥の回避がACサイクルの駆動因として作用し、資源の利己的乱獲の抑制因となるには、行為主体者の正体が明らかでなければならない。その点において、日本の沿岸社会では、行為主体者の身元が家族や家系も含めて地域内に周知されていることが多い。そのため、恥の回避は個人的問題あると同時に世帯レベルで、そして地域レベルでの問題となる。恥の回避のような、行為主体者に内在し実践を通して再生産される本質的なコミュニティーに在る気質を見出すことも、ACサイクルを考える上で重要ではないだろうか。

ACサイクルの持続的稼働

ホッカイエビのACサイクルをまとめると、サイクルのスタートは行政機関による浜茹で加工場の管理に関する業務改善指導であった（図2）。1年間の休漁中に起きた、エビ漁師にとって科学知との出会いは、漁業というシステムの一構成要素としての自己の発見でもあった。漁師はエビを獲るのが仕事という人間社会からの視点にたった「経済的生産者としての自己」のほかに、漁業者はエビ資源の増減に大きな影響を及ぼしうる捕食者であるという「生態系における自己」とホッカイエビという他生物との関係性を再認識するようになった。Tさんは、ホッカイ

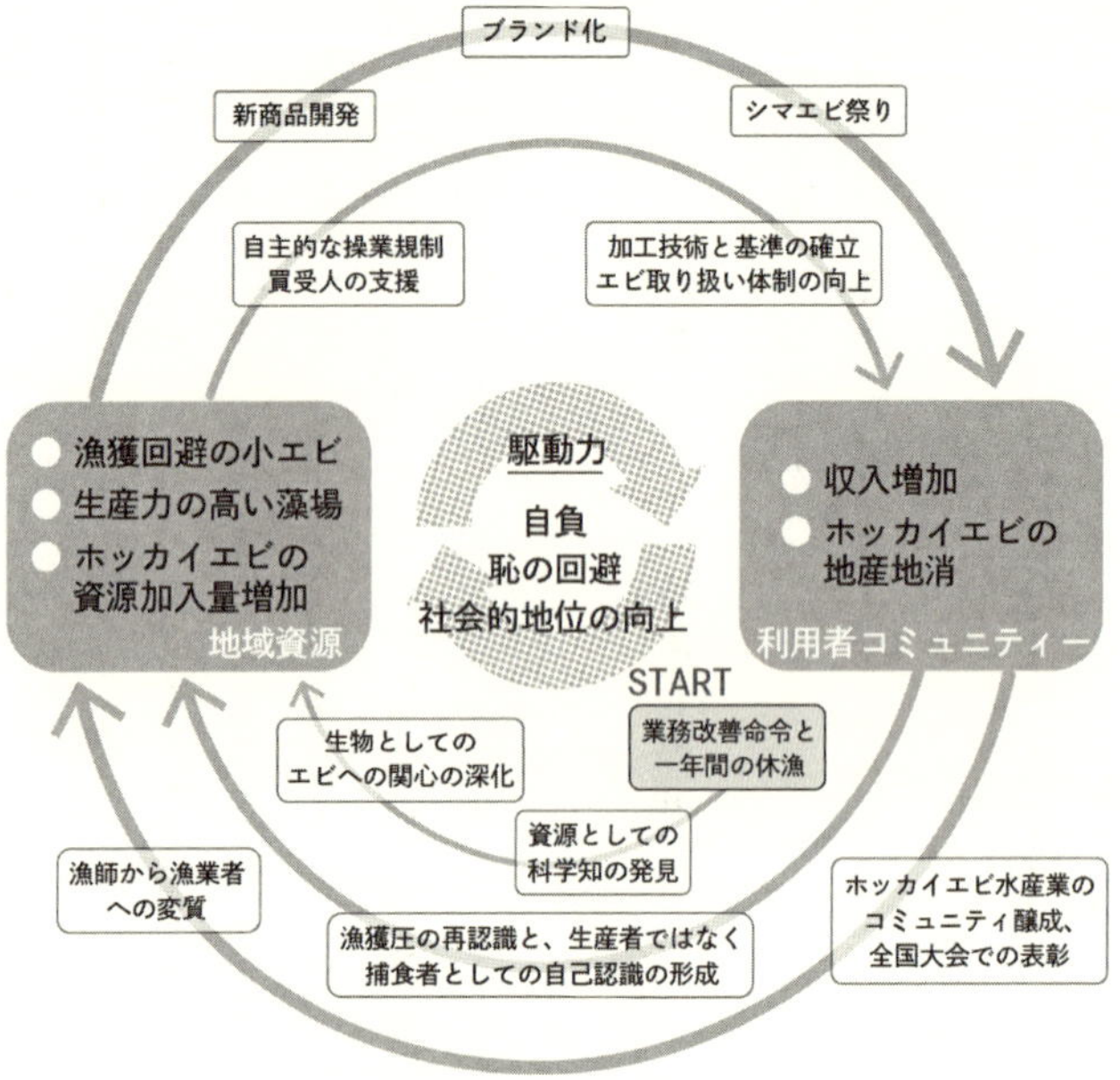

図2　ホッカイエビのACサイクル

エビの生態に関する科学知を学んだ後、「おれはそれから自分のこと「漁師」って呼んだらダメだと思った。エビのこと知らなかった。漁師じゃなくて、おれらは漁業者じゃないとダメだと思った」そうだ。帰属意識（アイデンティティ）は非歴史的に不変的なものではなく、社会政治環境の変化とともに流動的に変化する。新たな知識によって社会ネットワークに変化が起き、その過程の中で漁師という行為主体者の帰属意識も、変化する社会生態環境に整合するがごとく漁師から漁業者へと流動的に変化したといえる。

ホッカイエビの漁獲量と漁獲高

が安定してきた平成27年度の聞き取り調査では、ACサイクルでいう「ケア」の意識の浸透が示唆された。ホッカイエビ漁師らは、混獲や密漁の問題を指摘する一方で、ホッカイエビ資源に一番影響を与えているのはかご漁着業者自身であり、自らの漁業活動を適切に管理することがもっとも重要であると語った。ホッカイエビの資源状況を、エビがいないのではなく資源管理の不適切さが問題であるという認識は、漁獲高減少の原因を生態系や環境変動などの外部に見出すのではなく、みずからの社会に内部化していることを示唆する。資源増加と減少が、自らの問題となり、恥と罪の意識に関連した時、地域社会と地域環境の関係性はより密接で不可分なものとなる。そして、漁業者の中で、当事者意識とホッカイエビから恩恵を受ける行為主体者としての責任感、つまり「ケア」が醸成されその実践が漁業者自らのアイデンティティの一部となったことが、ホッカイエビACサイクルの持続可能性を高めていると言っていいだろう。

注

（1）厚岸漁協市場では、下げ競り形式が用いられる。

（2）恥と罪に関する考察はHeller（1982）、Jacquet他（2011）、Lebra（1983）、Wong and Tsai（2007）を参照されたい。

参考文献

Heller, A., "The Power of Shame", *Dialectical Anthropology* 6(3), 1982.
Jacquet, J., C. Hauert, A. Traulsen, and M. Milinski., "Shame and Honour Drive Cooperation", *Biology Letters*, 7, 2011.
Lebra, T.S., "Shame and Guilt:A Psychocultural View of the Japanese Self", *Ethos* 11(3), 1983.
Wong, Y., and J.L. Tsai., "Cultural Models of Shame and Guilt", *Handbook of Self-Conscious Emotions*, Guilford Press, 2007.

第4章　タイ国ラヨーン県の村張り定置網導入

有元貴文・武田誠一・馬場　治・吉川　尚

沖縄の美ら海水族館でジンベイザメの餌付けショーが始まろうというときだった。2003年の正月休み、大型水槽のバックヤードでカメラを手に待ち構えている私（有元）の携帯電話に富山県氷見市の水産担当の方から連絡が入り、慌てて外に出て用件を確認したのが懐かしく思い出される。その前年の秋に氷見市で世界定置網サミットという大きなイベントがあり、そのときにタイからの研究者7名をお呼びして一緒に参加していた。このイベントの成果を受けるかたちで、氷見市が新しい国際協力のプロジェクトを立ち上げることとなり、タイの関係者との連絡を始めるための仲立ちを依頼する電話であった。ここから日本の定置網技術をタイに導入

図1　ラヨーン定置網の操業

するプロジェクトが始まった。

沿岸を守るための村張り定置網

タイ湾内の水産資源については1960年代にドイツから導入されたトロール漁業の興隆、1980年代に入って以後の集魚灯漁業、巻網漁業の技術展開と続いた多大の漁獲圧に起因する資源枯渇が問題となっており、これらの沖合漁船が沿岸のごく近くまで押し寄せて操業するという厳しい状況下にある。また沿岸漁業についても、釣りや刺し網、籠といった様々な漁法が混在競合し、都市や工場からの排水による沿岸環境の悪化を含めて、沿岸域管理の重要性、そのための漁業者の意識改革の重要性が高まってきていた。

図2　巻網の沿岸操業

どこの国でも、そしてどこの地域でも時代を問わず同じで、沖合漁業と沿岸漁業は仲が悪いのが当たり前になっている。それは漁場と資源を争うことになるからで、大型の沖合漁船が沿岸近くで操業すれば小規模漁業者の狙っているサカナを一網打尽で持って行かれてしまう。そのために大型漁船が沿岸に近づいて操業しないように国や各地方政府による取り決めがあるが、必ずしもきちんと守られているわけではない。当然ながら沿岸の漁業者は弱い立場となり、岸近くで大型船が操業しても手をこまねいて見ているだけになってしまう。この状況を変えていこうという試みとして、沿岸域に来遊する魚群を待って獲る定置網という漁法を導入することで、トロールや巻網に比べて資源に優しい技術を普及させたいという考えが動き始めていた。

地域コミュニティーが主体的に定置網操業に参加し、沿岸域の水産資源を守り、利用する考えは、日本で定置網漁業が発達してきた過程で見られた村張り定置網の基本にもつながるものであった。定置網漁業は日本では400年の歴史があるとされ、現在に至るまで漁具材料や設計、そして操業技術といった面での開発・改良の努力が続けられ、各地沿岸の基幹漁業種として位置づけられている。特に、大型定置網の場合は村張り制度という日本独特の経営組織が今でも理念として残っており、生産にかかわる漁業者から流通・加工までを含めて、ひとつの定置網でその地域の経済を支えることが大きな特徴となっている。また、一定の海域を周年占有するという特異な操業形態にあるため、定置漁業権として近辺の漁業協同組合との調整の下で、漁業協同組合自営あるいは生産者組合を結成しての経営が行われる場合が多い。

このように日本の定置網は沿岸の漁場で大型の漁具をグループで操業するという世界的にもユニークなものであり、「村の、村による、村のための定置網」として途上国の漁村コミュニティー振興に新しい方法論を提供することが期待された。すなわち、多数の漁業者が個別に操業し、競合し合う沿岸漁業の現状に対して、日本の小型定置網を導入することで10～20人の漁業者がグループを形成して操業にあたることになる。現状での多数の個別操業に比べて沿岸漁場への漁獲圧を減少でき、また協業化を通じて漁場競合の問題も解消できる。さらに、漁場占有という定置網の特性を活かして海と資源を自分たちで守ろうという漁場管理の理念を漁業者ひとりひとりが持ち始めること等々が期待でき、責任ある漁場利用体制、沿岸資源の持続的な利用の仕組みを創出することにつなげようという大きな目標が見込まれていた。そのためのタイ側の原動力となったのが東南アジア漁業開発センター（Southeast Asian Fisheries Development Center：SEAFDEC）であった。

タイでは過去に2回の定置網技術導入の試みがあった。第1回目は1948年で、北海道大学に留学されて漁業を学んだサワン・チャレンフォン（Sawang Chareonphol）氏が帰国後に小型定置網

図3　1948年の最初の定置網導入試験（アスニー氏提供）

図4　最初の定置網操業（アスニー氏提供）

図5　2回目の定置網導入試験（アスニー氏提供）

の導入試験を行い、枡網と落とし網の試験操業を行って漁獲に成功している。しかし、当時はタイ湾内の資源も豊富であり、ドイツから導入されたトロール漁業の勃興時期に重なったこともあって定置網漁業への関心は得られなかった。また適当な漁具材料が現地で入手できなかったことから試験段階のままに終了してしまった。２回目の試みは１９８３年で、現在のプロジェクトの立役者であるアスニー・ムンプラジット（Aussanee Munprasit）氏が国際協力事業団（現、国際協力機構）の神奈川漁業研修センターで半年間の研修を終えてタイに戻られてから、現在と同じラヨーン県バンペー（Banpeh）区で水深５メートル程度の浅場にごく小さな定置網を入れて操業試験を行った。このときにも十分な漁獲が確認されたのであるが、当時は湾内で集魚灯漁業が勢力を広げ始めており、定置網を新たに始めようという気運には至らなかったという。

アスニー氏はその後も定置網技術導入についてのアイデアを大事に育て、２０００年に入ってから沿岸漁業の振興と地域住民が主体となった漁場管理の確立を目的としてグループ操業による定置網導入のプロジェクトを提案してきていた。タイをはじめとする東南アジア各国への技術導入のパイロットプロジェクトであり、２００２年には氷見市が開催した世界定置網サミットに参加し、これを契機に氷見市との交流が始まった。２００３年の定置網技術導入事業の開始にあたって氷見市からの初めての現地視察訪問が実現し、その後の技術指導、そして資材提供といった動きにつながっていく。舞台となったのはタイ湾の東岸に位置するラヨーン（Rayong）県である。

ラヨーンの自然と人々の暮らし

ラヨーン県はバンコク市から南東方向に180キロ、高速道路で3時間ほどの距離となる。面積は3522平方キロ、人口は2014年の統計で67・5万人であり、バンコクの569万人は別格としても、76県のなかでは人口で38位、人口密度では15位となり、中位の規模である。北部の高台を除けば県内のほとんどは平坦な地形で、南側がタイ湾に面し、西にチョンブリー（Chonburi）県、東にチャンタブリー（Chantaburi）県と接し、東西方向に広がる約100キロの海岸線は観光スポットして有名なサメット（Samet）島で二分されている。

ラヨーン県は8つの郡（Amphoe）から成り、58の区（Tambon）と388の村（Muban）で構成されている。海岸線を3つの郡が占め、その中央に県庁所在地となるムアン郡が位置して主要行政施設があり、同時に大小のホテルが海岸沿いに並ぶリゾート地となっている。主要産業として水産業では沖合・沿岸漁業と養殖業、そして水産加工業があげられる。ドゥリアンやランブータンといった熱帯の果物やゴム、キャッサバ等を主体とした農業も盛んで、国内だけでなく外国からの観光客にも海産物と農産物の土産物やレストランが好評で、観光業が大きな柱となっている。また、チョンブリー県と連なる西側の工業団地には石油化学コンビナートと関連重工業の工場が並び、日系企業も多く進出している。

東南アジア全域に通じることだが気候的にはモンスーン（Monsoon）という季節風の影響を強く

表1　ラヨーン県の漁業種別漁船隻数（2011年）

	漁業種	（対象種）	隻数
沖合漁業	巻網	（浮魚類）	185隻
	トロール	（底魚類）	55
沿岸漁業	かぶせ網	（イカ、イワシ類）	504
	刺し網	（カニ、エビ、魚類）	831
	籠	（イカ、カニ、魚類）	118
	釣り	（イカ、魚類）	113
	その他		16
	合　計		1822隻

受けており、タイでも日々の生活から文化・風習までさまざまな形での影響が見られる。熱帯性気候で当然日本よりも暑いのは確かだが、年間平均気温としては30度をきっており、日差しを避けて海風に吹かれていれば日本の夏の猛暑日、熱帯夜よりもはるかに過ごしやすい。4月に最高気温となり、タイ旧正月のソンクラーン（Songkran）には水掛け祭りの大騒ぎとなる。12～1月に気温は最も低くなり、日本人にはちょっと涼しいかなというありがたい気候となるが、地元の人々はセーターを着込み、飼い犬にもTシャツを着せて防寒に備える。5～10月は雨季となって降水量が多いが、日本の梅雨とは違って、スコールが突然に、そして夕方には必ず激しく降る熱帯らしい気候である。ラヨーン県では2～9月に南西モンスーン、10～1月に北東モンスーンが強くなる。サメット島を境として東岸と西岸で季節風の受け方が異なり、海からの強い風を直接受ける季節には漁業活動としては海に出られず、漁船の係留場所を移動し、あ

図6　沖合漁船の漁港

図7　沖合漁船着岸桟橋

図8　沖の漁灯

るいは操業場所を変更することで対応されている。こういった天候や海況の変化は観光客の動きにも影響が及ぶことになる。

ラヨーン県には巻網とトロール（底引き網）による沖合漁業と、沿岸で行われる各種の小規模漁業があり、表1に漁業種別の漁船隻数をまとめて示した。沿岸の小型漁船については漁港や水揚げ施設も十分に整備されていないために、集落ごとに砂浜に上げられている。これに対して沖合漁業の場合は企業組織としてしっかりした体制が整えられており、巻網やトロール漁船のグループごとに栈橋施設が整備され、漁獲物の水揚げから販売・出荷までのシステムができている。水揚げ量も多く、小売よりも一括出荷が中心となる。

日が沈んでからラヨーンの海岸に出ると水平線に並ぶ青い光が見える。これはケンサキイカを光で集め、網を水面から落とし、かぶせてとる漁船の漁灯である。ひとり乗りの沿岸の小規模漁業よりも船は大きめで、集魚灯を支える竹のブームがついているのですぐにわかる。このための水揚げ施設は川べりにあり、他の地方からの漁獲物も陸送でここに集まってくる。加工施設も多く、干しスルメだけでなく、甘い味付けに真っ赤になるまで唐辛子をまぶした伸しイカなどの加工品の大きな産地となっている。同じくラヨーン産として有名な天秤印のナンプラー（Nam Pla, 魚醬）とともに、観光客向けの土産物としてだけでなく、国外出荷も行われている

図9　イカかぶせ網漁船

図10　沿岸小型漁船の船溜り

図11　沿岸小型漁船の浜揚げ場

仲間作り、網作りから始まった

プロジェクトは東南アジア漁業開発センターの予算によって2年計画で始まった。政府水産局やラヨーン県への操業許可の申請、周辺の沿岸漁場での小規模漁業の実態調査、調査船を使った漁場調査を繰り返した上で最終的に敷設場所を確定してきた。これに併行して漁業者に定置網とは何かを伝え、参加者を募るための説明会も行われた。この岸沿いの水域には7つの集落があり、200名程の漁業者がさまざまな小規模漁業を行っている。最も多いのがカニ刺し網でタイワンガザミを狙っている。サワラや底魚類、そしてエビを獲る刺し網もあり、表1に示すように沿岸漁業のなかで最も漁船数が多くなっている。他には、コウイカを獲るイカ籠や魚籠、カニ籠、また手釣りや引縄、イカ釣りなどが行われていた。説明会を通じて105名の沿岸漁業者が集まり、8月から地元の国立東部水産研究所（Eastern Marine Fisheries Development Center：EMDEC）での漁具作りが始まった。

定置網の漁具の構成は他の沿岸漁具に比べてかなり大きく、かつ構造も複雑で、数十メートルという長い網地のパネルをつなげ、ロープに取り付け、さらに網地パネルの海底側には錘をつける。籠や釣りをしている漁業者にとってはすべてが初めての経験であり、東南アジア漁業開発センターのスタッフが手をとって基本から指導することになった。また、網地を水中に固定するために太いロープで作った枠組み（側張り）や錨綱を作る作業も同時に進められた。網仕事は英語でネットワークと呼ぶが、この作業をするなかで漁業者どうしの連帯感も深まり、また指導にあたる東南アジア漁業開発センターのスタッフとの気心もしれてきて、仲間意識に基づいた信頼関係が芽生え始めていた。

　これらの作業は105名を3チームに分けて交代で参加するようにしたが、それでも自分の操業を休んで漁具作りに参加することになるため、日をおって参加者が減り始め、漁具完成まで残ったのは半分の55名となっていた。抜けていった漁業者に後日インタビューをしてみると、定置網の良さもわかっているし、自分としては皆と続けたかったのだが、「沖にも行かずに、皆で集まって何を遊んでいるの！」という家族からの厳しい追及があってやむなく脱退したとのことで、次の機会があれば是非とも参加したいとの希望であった。

図12　仲間と網作り（アスニー氏提供）

図13　ロープに網地をつなぐ（アスニー氏提供）

　漁具の設計から漁具材料の準備、そして網作り、敷設作業の指導まですべてをアスニー氏が中心となって東南アジア漁業開発センターの若手スタッフとともに担当したことになる。日本での短期間の研修を受けただけで、そして日本語で書かれた設計図やパンフレットをもとに実際の仕立て作業を進めてこられたことには頭のさがるものがあった。この初年度の作業には日本からの技術援助が始まっていなかったために、最大の苦労が漁具の資材を集めることであったと聞いた。日本では定置網の資材として当たり前のものが当然ながら入手できず、網地は使わなくなった古い巻網の資材を使い、ロープや浮体もいろいろなところから使えそうなものを集めて、1カ月がかりでの仕立て作業が行われた。プロジェクト予算としては初年度が2万ドルで、このうち1万ドルが漁具資材費であったので、およそ100万円で完成させたことになる。完成した漁具は幅45メートル、長さ130メートルの落とし網型の身網と、250メートルの垣網であり、これを水中に入れる敷設作業には東南アジア漁業開発センターの大型の調査船を使用した。2003年10月15日、ついにラヨーンでの定置網漁具を敷設する作業が完了し、翌日から操業が開始された。バンペー区のマエルンポン・ビーチ（Mae Rumpon Beach）という20キロの長い海岸線の西側に位置し、岸から4・8キロ、水深12メートルの場所であった。

サカナがとれない！——試行錯誤

漁具の敷設が終わって最初の1週間は網起こしの技術指導に使われた。参加した漁業者を3チームに分けて、それぞれリーダー格の担当者を決め、早朝に出漁して揚網作業から漁獲物の販売と記録方法までを指導してきた。しかし、日によってはチームの参加者がそろわずに操業ができなかったこともあった。また、次の操業が順調に行われるためには揚網作業の最後の段階でロープの締め直しや網地に破れがないことの確認などが必要であるのに、漁獲物を浜に持ち帰るのに気持ちが動いてしまって、十分な後始末が行われずに、次の操業チームからのクレームが続出するような結果であったという。それでも1日置きの操業で少ないときでも100キロ、多いときには300キロを超える漁獲があり、販売しての水揚げ金額も多いときで4000バーツ（約1万2000円）となり、順調に動き始めたかに見えたのであるが、12月に入ってから漁獲が急に落ち込み始めた。操業を始めて1カ月半が過ぎており、箱網についた貝類や海藻が育ってしまって網が重くなってしまい、網を揚げるのも大変な作業となってきた。また網地の網目が埋まってしまって流れの影響を大きく受けるようになり、箱網の形が崩れて魚群が中に入れず、また中に入った魚群は居る場所がなくなってしま

図14　海藻が育って箱網が上がらない！（アスニー氏提供）

図15　網に錨が絡んで大騒ぎ！（アスニー氏提供）

い、登り網を戻って外に出てしまっていたらしい。箱網は魚を溜めるために網目を小さくしており、1カ月ほどで海藻や貝が育って網目を埋めてしまうことから、箱網をいったん取り上げて付着生物を落とす作業が必要となることを漁業者に指導した。この網換えの作業を始めたところで大変なことになってしまった。運動場と呼ばれる囲いの網は側張りと呼ばれる太いロープから吊り下げた形で水中に敷設されているが、側張りを動かないように固定するための錨が網に絡んでしまい、漁業者総掛かりでも揚げられない事態になってしまった。大急ぎで大型の調査船にラヨーンまで来てもらい、これを使って網全体を取り上げる大掛かりな作業であった。しかも替え網の準備をしていなかったために、ひとつしかない網全体を陸にあげて乾燥させ、海藻や貝殻を網から落とし、破れたところを補修するといった作業が2週間続き、改めて漁具を敷設して操業を再開できたのは12月21日であった。この漁獲不調から漁具入れ替えの大変な作業を通じて参加者はさらに減ってきたが、そのなかでリーダー格として操業手順の段取りを決めて仲間を指導できる人材も現れ、各作業船の担当や会計担当者も固定されてきて、チームワークでの共同作業が円滑に進むようになってきた。

この一連の大騒ぎから学んだことは多く、箱網は1カ月に1回は揚げて清掃作業が必要であることから、1月下旬には2回目の網替え、そして2月25日に漁具を撤収して、初年度の操業を切り上げた。12月の網替え作業での大騒ぎや、替網を用意していなかったことなど、初めての操業での不慣れなこともあって、10月25日からの4カ月間で操業日数は52日となり、1回の揚網で平均して175キロ、2100バーツの水揚げとなり、合計で8・7トン、10万バーツ（30万円）という漁獲成績であった。この結果について現地で評価会議を行い、次の年度での再開に向けてアスニー氏が動き始めた。翌年8月には来日して富山県氷見市を訪問して揚網作業や網の入れ替え作業の段取りを学び、漁具設計の改良に向けた相談を始めて、2年目からの仕切り直しの体制を整えてきた。

仕切り直しの2年目

東南アジア漁業開発センターによる事業の1年目に現地を視察してきた富山県氷見市も、2年目からは漁具資材の提供や技術者派遣といった積極的な技術協力を開始した。2004年9月21日に氷見市より技術指導者として濱谷忠氏、濱野功氏の2名、そして海洋大より3名のスタッフがタイで合流し、ラヨーン地区での定置網漁具の改良と敷設の作業にとりかかった。現地では4月から9月まで季節風が強いために操業を切り上げることとなり、当初より9月末の網建て、10月初旬から操業を開始して翌年3〜4月に漁具を撤収するスケジュールで動いており、これに合わせる形で氷見市の協力体制が組まれていた。

タイ側からは東南アジア漁業開発センターのアスニー氏が率いる若手スタッフのチームが主体となり、水産研究所の広い中庭を舞台に、地元漁業者30名との準備作業が始まった。

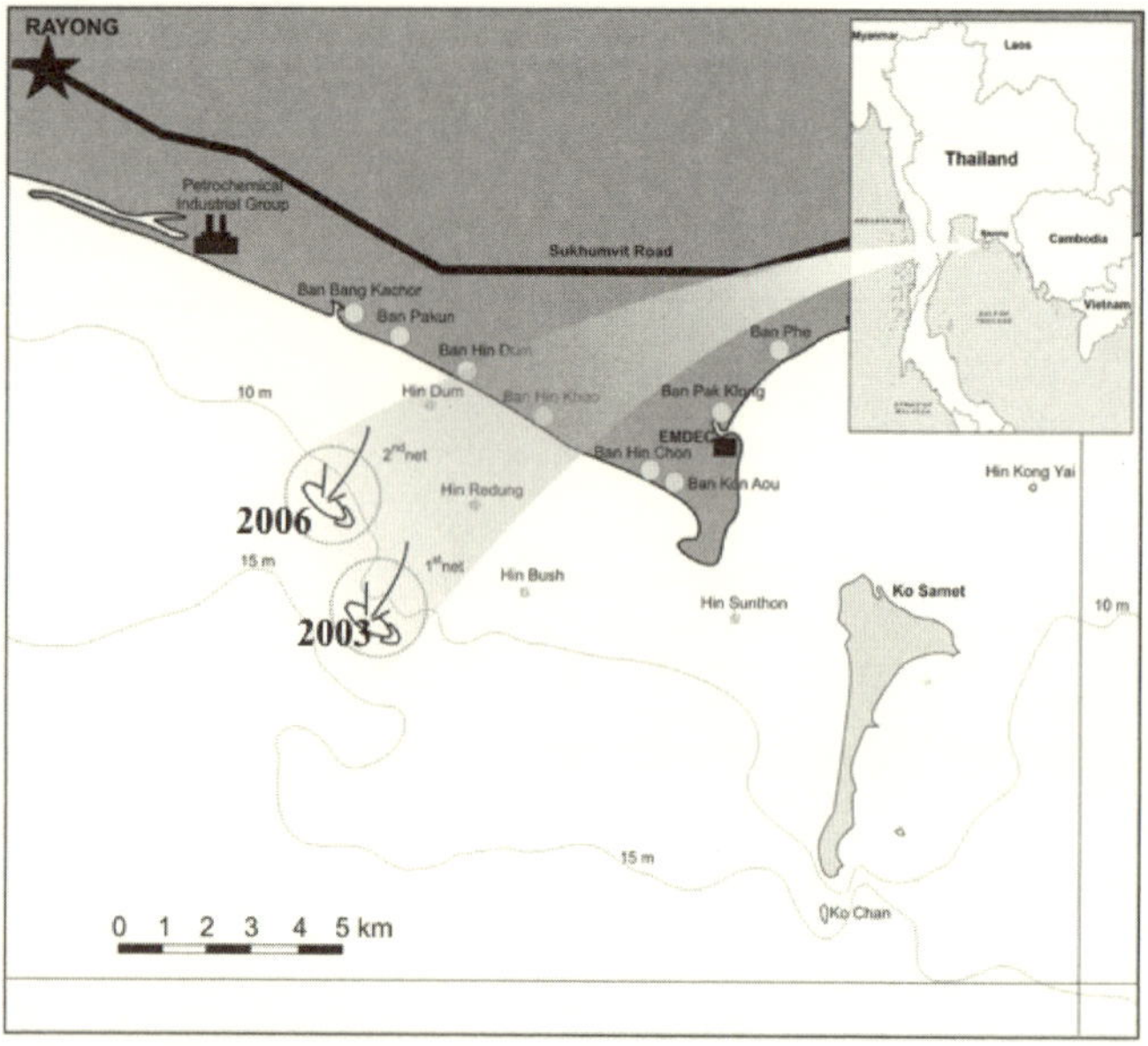

図16　定置網敷設位置

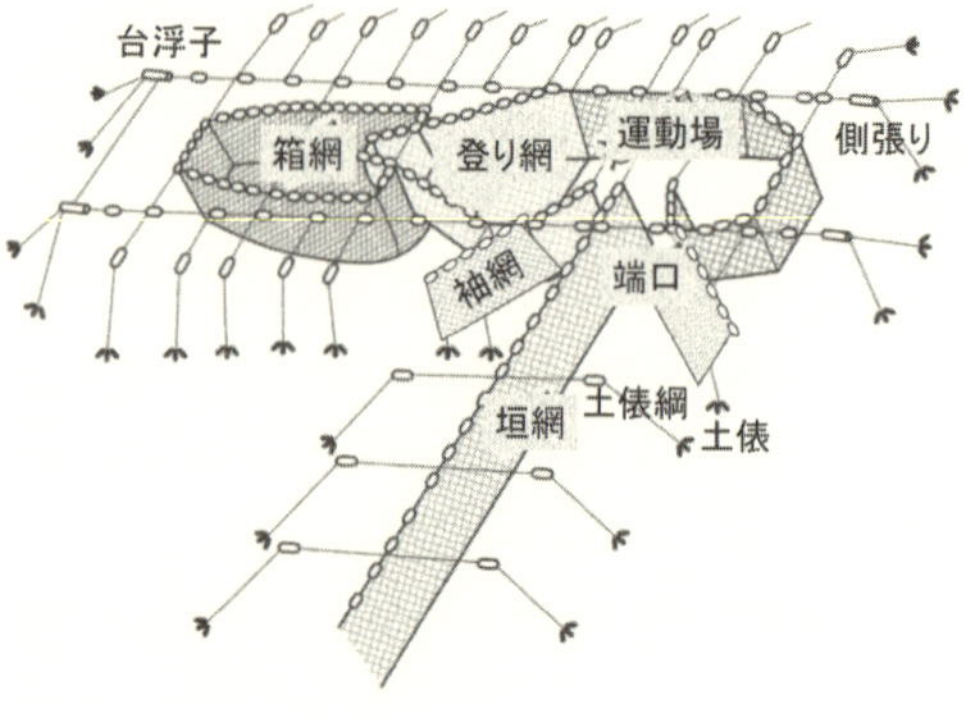

図17　定置網漁具見取り図

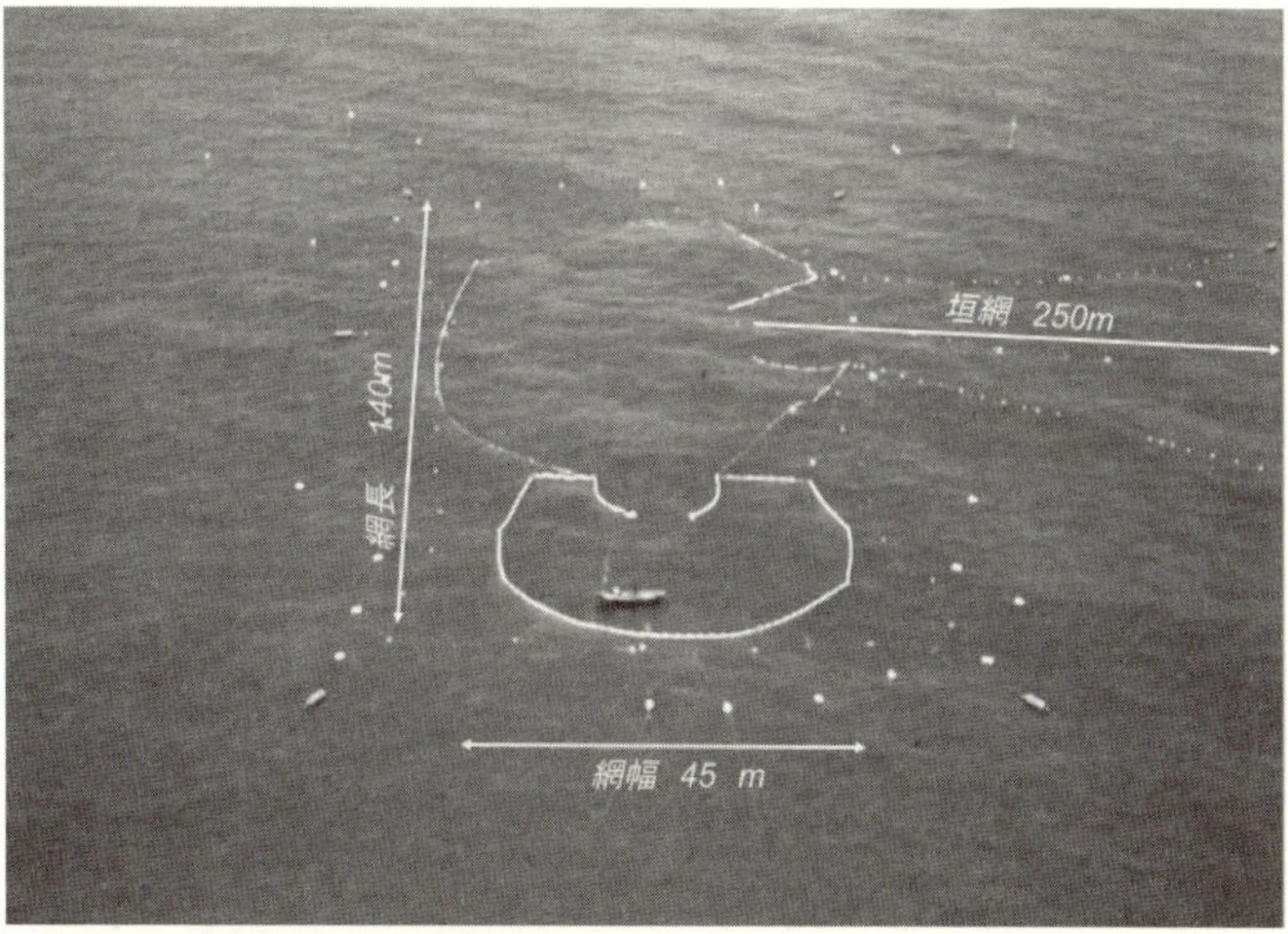

図18　2003年当初の漁具形状

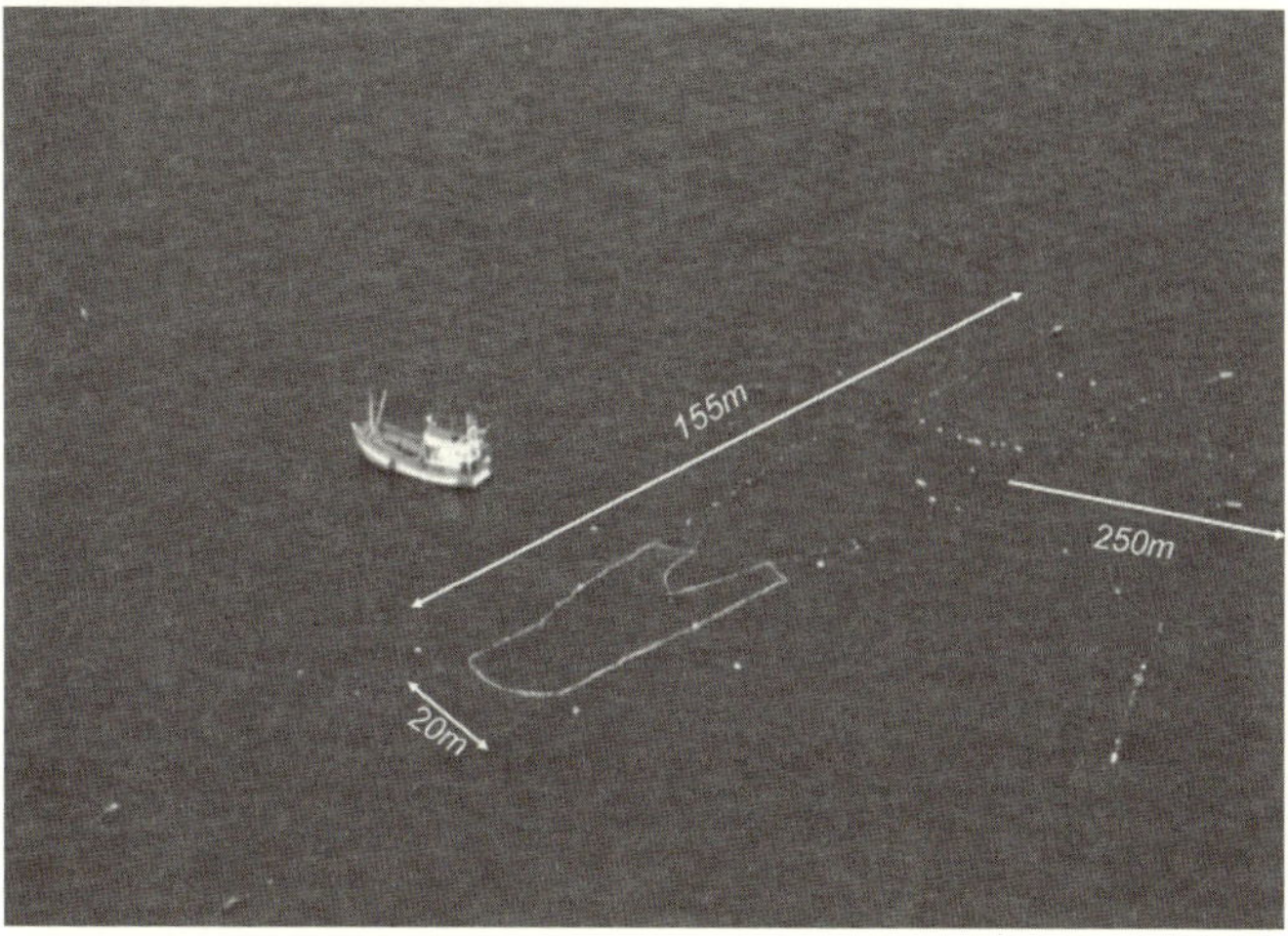

図19　2004年以後の漁具形状

図20　水産研究所桟橋にて

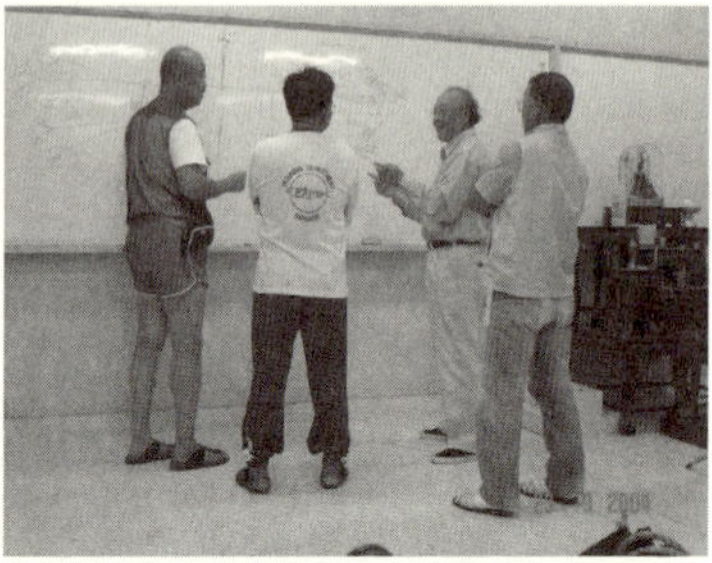
図21　漁具改良打ち合わせ

図22　側張りの作成

SEAFDEC事業の1年目である2003年には端口袖網を大きく広げた猪口網《ちょこあみ》に近いずんぐりとした網形状であったものを、氷見市からの漁具設計改良の提案を受けて、越中式の細長い網型に変更し、また運動場から箱網につながる登り網の傾斜を抑えて、魚群が入りやすいようにした。他にも、側張りを錨で固定する方式であったものを、大きな袋に浜砂を詰めた土俵で張り建てる方法に変更した。また側張りの両端には台浮子《だいあば》という大きな浮体を使ってロープを海面に張っているが、初年度はこれにドラム缶を使っていた。これでは半年も経たずに錆びてしまって穴があき、浮体の用をなさない。そこで水を入れるプラスチックの大きな樽を使って台浮子を作る作業も進められた。

図23　定置網敷設の作業

図24　側張りの設置

図25　台浮子の設置準備

図26　土俵設置の船上作業

漁業者にとっては2年目の操業となることから、すでに定置網とは何か、漁具の仕立て方から敷設するまでの作業、そして毎日の操業の技術について十分な知識があった。設計図の再検討を行った後に、2003年に使用した漁具と、氷見市から新たに提供された材料とを組み合わせて、側張りの作成を進めていった。氷見市から持ち込んだ網針《あばり》や木槌を使いながら、ロープのつなぎ方、浮子の取り付け方について身振り手振りでの技術指導に始まり、台浮子作り、人海戦術での土俵作りと炎天下での作業が続き、同時に、敷設位置の確認といった海上での作業が進められた。

9月24日には沖に出て、側張りの敷設作業に入った。水産局から借り出した作業船に土俵と側張りのロープを積み込み、水産研究所の桟橋から岬を回って敷設位置までは30分間の航走である。タイの漁業者はそれぞれの船で近くの浜から敷設場所に集合してきた。海岸に立つコンドミニアムの建物を目標に山立てしながら、ロープの1本1本の位置を決めて土俵を落として行く。タイ語と日本語の飛び交うなかで一連の作業を続け、タイの漁業者が作業内容を理解し、自分達の技術として習得していく過程には本当に目を見張るものがあった。敷設作業の全工程を無事に終えたのが9月27日、短い日程のなかで初起こしの操業までこぎつけることができた。

図27　ラヨーンの海に敷設された定置網の操業

図28　揚網作業での漁獲物取り込み

図29　大漁の漁獲物

9月28日には氷見市からの交流団も到着して、翌29日早朝の操業を視察した。タイ湾の青い海に並ぶ黄色い浮子の列、タイの小型漁船が動き回って網を揚げる作業の様子、そして漁獲物を取り込む作業を目にして、これまでの苦労を忘れさせてくれる感動のときであった。交流団はラヨーン県との市民交流を行うための今後の協力体制について協議を行い、また、氷見市の水産高校からの生徒2名がラヨーンの高校生と交流する機会も設けられた。

東南アジア漁業開発センターの事業として行われてきた最初の2年間のなかで、2年目となる2004年には氷見市からの積極的な技術協力と資材提供が行われ、定置網敷設技術や操業技術の習得が進んできた。しかし、タイ国の漁船を使った網起こしには無理な点が多々あり、また、漁獲物の販売や流通、そして水揚げ場所や販売店舗といったインフラ整備についても多くの課題が残されていた。

図30　水産研究所での評価会議

初年度の操業については漁具設計も敷設技術もまだ手探りの状態であり、9月下旬から10月にかけて漁具を敷設し、翌年2月までの5カ月間で52日間の操業というトライアルの段階であった。敷設の際に海洋大と氷見市からの参加はあったものの現地を視察するに留まっており、本当の意味での技術支援が始まったのは2004年に入ってからとなる。初年度には漁業者自身が定置網とはどのようなものかを理解できないままに始まったはずで、漁具の維持管理という基本についても十分に体制が確保されていなかったことになる。また、この地域の7つの村からの漁業者が集まっての操業であったために、毎日の操業に誰が参加するのか、漁獲物の販売結果をどのように利益配分するのかといったところからシステムを作り上げていく努力が必要であった。この過程のなかから、リーダー格となる数名の熱心な漁業者が育ち、彼らを軸にして操業の体制や販売体制、そして収支をまとめる会計担当の制度を固めることの必要性も理解され、その後の10年間が実施されることになる。

2年目の操業が順調に進んできた2004年12月にはラヨーンにおいてプロジェクトの評価会議が行われ、氷見市より3名、海洋大より1名が参加し、両国の関係者が一同に会して2年間事業の取りまとめがなされた。このなかで、東南アジア漁業開発センターとしての事業の完了を確認し、2005年以後はタイ水産局が引き継いで国立東部水産研究所が地元漁業者の指導と漁獲物調査にあたることとなった。また、氷見市が国際協力機構（Japan International Cooperation Agency：JICA）の草の根技術協力事業（地域提案型）の予算を獲得し、「資源管理型沿岸漁業の技術支援」として2005～2007年の3年間の事業を開始する提案があり、タイ側の受入体制をどのように構築するかが議論された。この動きが日本式定置網導入のその後の10年間への大きな布石となっていた。

この新たな事業の開始にあたって、4月には技術研修を氷見市で実施することとなり、漁業者

2名、そして水産研究所の研究員1名が3週間の研修を行った。続けて7月には氷見市から2名、海洋大から1名がタイの現地を訪れ、今後3年間の事業の枠組を再確認してきた。9月には新規事業としての最初の敷設作業が行われた。この間には氷見市より追加資材の搬送も行われ、特に替え網を用意するための資材と、毎日の操業と網替え作業のために使える大きな漁船を提供してきた。この周到な準備期間を経て、2005年の敷設作業ではタイ側の漁業者が主体となってすべての作業を完了しており、氷見市での研修成果を十分に発揮する形で彼らにとっては3年目となる操業が開始された。この技術移転後の経過のなかで、年をおってタイの漁業者が定置網の操業について技術的な自信を持ち、また技術改良のための自覚が生まれてきたことは大きな成果であった。氷見市での技術研修も3年間にわたって毎年続けられ、初年度はリーダー格の漁業者を対象に始められ、その後は研修を終えた漁業者のなかから次のリーダーになる人材が育ってきた。

サカナが売れる！——定置網漁業がもたらす新たな販路

2003年からの操業年度別に漁獲量と水揚げ金額の推移を示した。初年度は漁具の維持管理にも不慣れであったために、操業日数は52日に過ぎず、漁獲も低調で、水揚げ金額として5カ月間で10万バーツ、日本円で30万円程度であった。この半年間の漁獲結果で、定置網を続けて行こうという気持ちを持ったメンバーの固定化が進んで2年目に向かうことになる。しかし、側張り

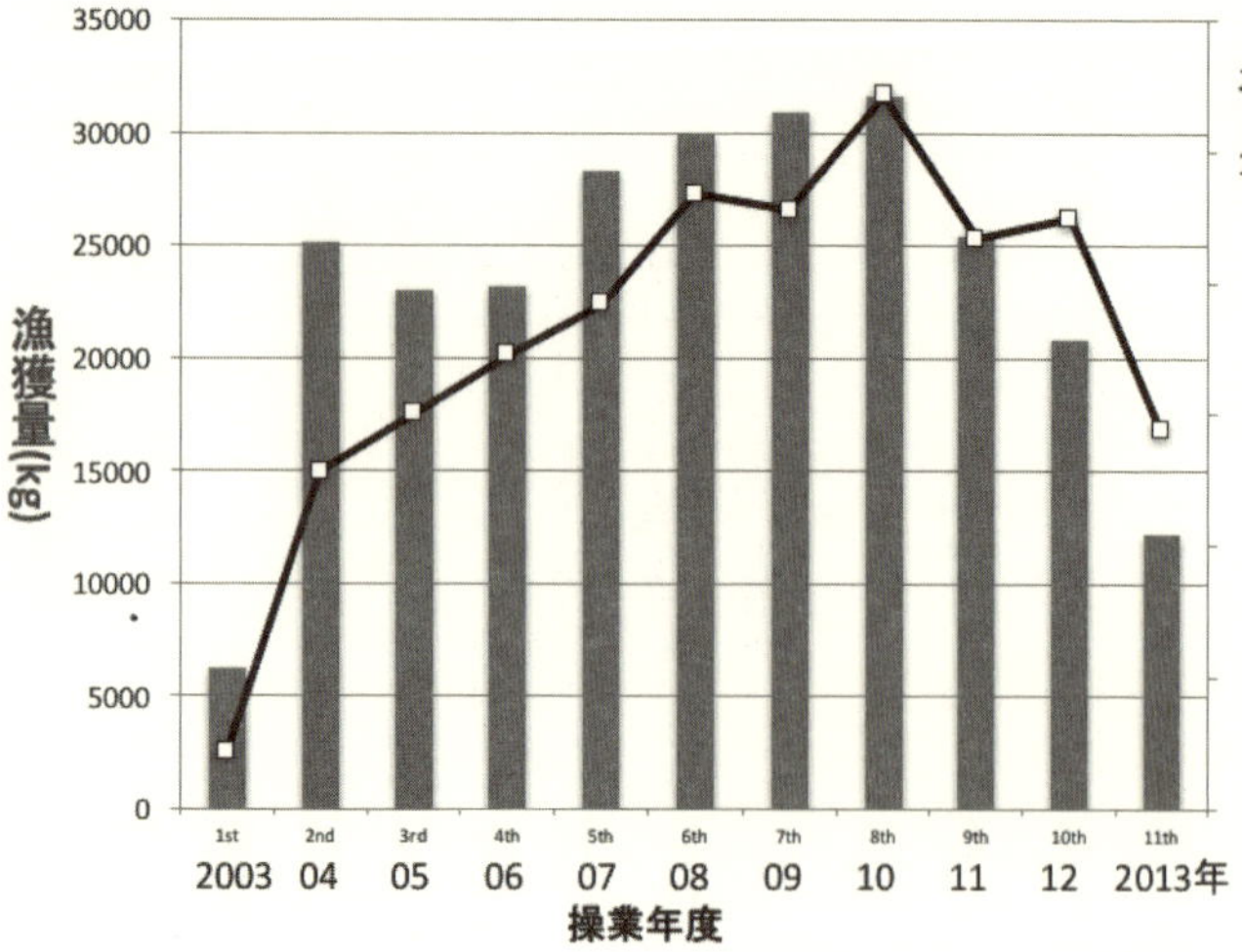

図31　操業年別の総漁獲量（棒グラフ）と水揚げ金額（折れ線）の経緯

を固定するために錨を利用していたことで12月の網替え作業のときに錨が網にからんでしまって大変な苦労をしたことなど、技術的にまだ問題があることも理解されていた。２００４年の氷見市からの技術支援と資材提供によって漁具設計を変更した直後から好結果が得られたことで、技術的な向上で漁獲が良くなることが実感できたに違いない。２００４年12月には一網で１２００キロという大漁もあり、水氷を使った鮮度保持や販売方法についての検討も必要となることがわかってきた。この段階では替え網もすでに準備されており、1〜2カ月おきの網の入れ替えも数日で完了し、操業日数は倍増して１０１日、平均して１日あたりで２５４キロ、５１６０バーツの水揚げとなった。地元の浜に開いた販売店舗の運営も軌道にのり、特に定置網漁獲物の鮮度の良さが知れ渡って顧客を確保することに成功している。平均単価としても初年度のキロ当たり10バーツであったものが、2年目には倍の20バーツとなり、半年間の水揚げ金額は52万5000バーツ（160万円）と、初年度の10万バーツに対して大幅な増加になった。今後の技術向上によって漁獲量の増加が期待できることについての意識は十分に定着し、漁獲量が伸び悩むときに漁業者のなかで問題点を検討する動きも始まっており、年をおって技術向上が進んでいくことに大きな期待感があった。特に、4年目となる2006年には販売結果を貯金してきたもので新たにもう1カ統を作成し、ふたつの定置網を操業することとなり、1日当たりの平均漁獲量も300キロを越えるようになってきた。

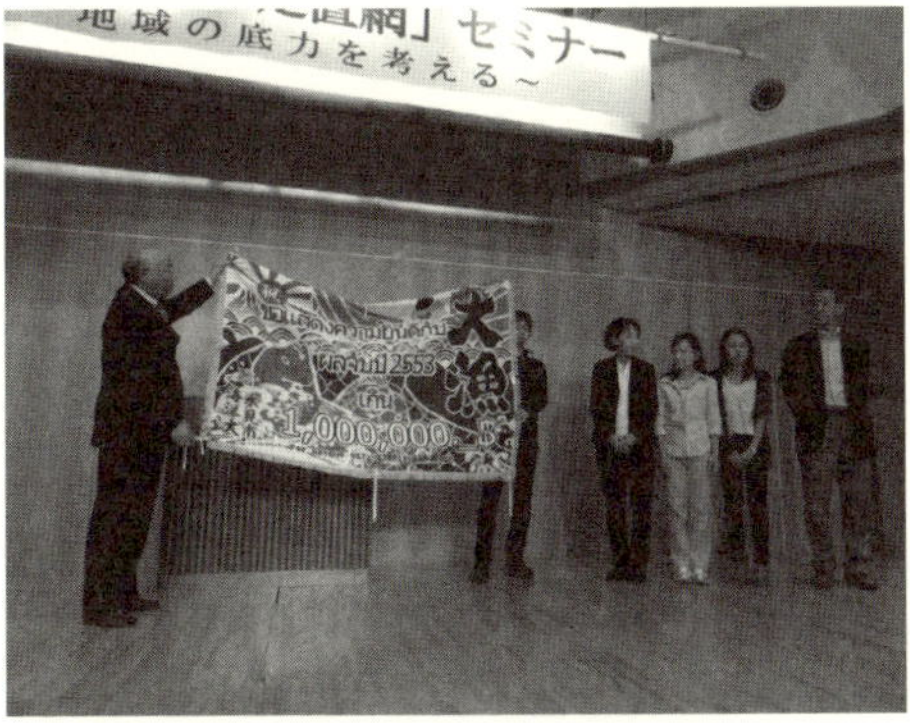

図32　水揚げ100万バーツ達成の大漁旗

毎年の月別漁獲量を調べると10月の初漁期から翌年の終漁期に向けて月をおって徐々に漁獲が少なくなるという傾向になっている。こういった漁獲傾向を把握し、漁具設計や操業方法の改良を進めてきたわけであるが、これまでの漁業者の経験として、連続して操業すると2日目には漁獲が少なくなるという印象があったようで、1日おきに網を起こすという体制ができあがってしまった。沿岸域への魚群の来遊傾向や、入網魚群の行動と網内蓄

図33　浜で水揚げ

図34　浜の販売店舗

積性といった問題について日本での研究結果を紹介し、また揚網作業をすることで漁具の設置状況に問題がないことを確認する必要も伝えてきたが、毎日の網起こしという体制に移行することはなく、漁獲量の少なくなる年明け時期には2日おき、3日おきといった操業体制が定着してしまった。

8年目となる2010年には年間水揚げが100万バーツを突破し、タイ語を入れた大漁旗を日本で作り、贈呈式を行った。しかし、鮮度の良さや安定供給という定置網の漁獲特性を生かした販売体制を確保するには至っていない。近郊リゾートのホテルへの販売や、バンコク市内の日本レストランへの供給といった新たな販路も検討され、今後の可能性として夢は残されていた。しかし、現状では地元消費が主体であり、浜に水揚げする時刻には顔なじみの顧客が店舗に集まってくる。販売方法は競りではなく、漁業者チームが魚種別、大きさ別に値付けを行っており、大量買い付けの場合には価格交渉も行われる。1トンを超えるような大量の水揚げがあった場合は、加工業者に直接電話して取引されることになる。

それでは他の沿岸漁業で水揚げされた地元の水産物はどこで買えるのだろう。水揚げをしている浜の道路際で家族が販売に当たる場合もあり、多くの店舗が並んで市場になっていれば、観光客だけでなく地元の人々も買い物に集まってくる。街中には公営や私設の市場がいくつかあり、土産物から果物・野菜、それらの加工品といったまとまりごとに小さな店がぎっしりと並ぶ中に、生鮮魚介類や加工品を売る店もそれぞれまとまって並んでいる。昔ながらの薄暗い市場もあれば、近代的な高い屋根の施設になった市場もあり、また曜日を決めて開催する青空市場もある。魚を販売する店舗ではそれなりに氷を使って鮮度には配慮しており、市内にあるスーパーマーケット

図35　市場の魚販売

図36　青空市場の魚屋

図37　市場の小売業者への聞き取り調査

の鮮魚売り場よりもはるかに魅力的である。

定置網漁業者が開いた販売店舗では4名の女性が常連となって買い付けに参加し、競って漁獲物を購入し、それぞれ市場での販売を行っていた。この4名の小売業者は当初は地元の一般の顧客と同格で魚を買い付けていたのだが、市場での小売りをするために大量買い付けとなり、欲しい魚の取り合いをしているなかから次第に彼女たちが買い付けの主体となり、一般顧客への販売の割りふりを含めて店舗を仕切り始め、うまく回るようになってきた。それでは、彼女たちがどのように定置網漁獲物を扱っているかを説明してみたい。

まず定置網漁業の開始前から魚の小売業者として20年以上の経歴を持つ方がいる。パクナム(Pak Nam)にあるいくつかの桟橋で水揚げのときに沖合漁船から直接、あるいは桟橋の持ち主を通して仕入れており、これを市場にある自分の店舗で小売りする。沿岸の刺し網のような小規模漁業者から水揚げの際に浜で買い付けることもある。定置網が始まってからは積極的に定置網の漁獲物を仕入れて、小売りするようになってきた。

次の女性はもともと洋服やアクセサリーを市場で店舗販売していたが、２００６年から定置網漁獲物を扱い始めたという。今では定置網以外の漁業者からの買い付けも始めており、漁業者や仲買業者に電話で連絡をとって店舗まで持ち込んでもらったものを扱っている。

3人目の方はバイクで顧客の家を回っての行商販売を営んでいる。本業としては檳榔《ビンロウ》の実を売っていたが、２０１１年から定置網漁獲物を扱うようになった。水揚げ場所の漁業者の販売店舗で買い付けたものを小分けして顧客に販売しており、定置網以外の漁業からの漁獲物は扱わずに、鮮度の良い定置網のサカナを届けることで顧客の確保に成功している。

最後の方も2011年から定置網漁獲物を扱い始めている。その前から鮮魚販売だけでなく、自分で加工して市場で販売しており、加工に回すものについては仲買業者や小売り業者から仕入れている。

4名ともに定置網の漁獲物の鮮度の良さ、そしてさまざまな種類が扱えることに満足しており、新鮮な魚を扱っていることで顧客からの信頼感もすでに確保していることになる。定置網漁業者グループからの直接購入によって、鮮度の良さに加えて、仲買業者を通さずに仕入れられることの利点もあり、現状の1日置き、2日置きの操業ではなく、毎日、そして周年の操業になってくれればという希望は強かった。

さらに始まった次の技術移転

ラヨーンでの定置網技術移転が定着してきた段階で、タイ国水産局の新しい動きが始まり、いよいよラヨーンから他地域への普及が動き始めた。2011年3月には、南部プラチュアップ・キリカン（Prachuap Khiri Khan）県のバンサパーン（Bang Saphan）に新たな定置網が敷設された。この地域ではガザミの資源回復を目的に水産局主導プロジェクトとして漁業者グループによる人工種苗の生産と放流が実施されていた。この漁業者グループを対象に定置網操業が計画された。東南アジア漁業開発センターのスタッフがラヨーン定置網の漁業者と一緒に現地に入って技術指導にあたり、側張り作成や網の仕立てに始まって敷設作業まで順調に完了し、3月7日に初起こしで100キロの水揚げを達成した。残念なことに数日後に高波による破網事故があり、その修復が完了した6月に再度の高波によって破網してしまい操業不能という事態になり、初年度は十分な成果を上げられないままに終了となった。しかし、1トンを超える水揚げの続く時期もあり、ラヨーンよりも定置網漁場としては恵まれているのではないかとの思いがあり、現地の漁業者も操業を続けることへの積極的な意識が感じられた。しかし、現地調査の際に受けた説明でふたつの問題点を感じた。ひとつは操業体制であり、4チームの漁業者グループを構成して、2日おきの操業を順番に担当するとのことであった。この方法ではひとつのチームは8日おきに操業することとなり、1カ月に4回の操業しか担当しないことになる。これで技術の定着が成り立つのかという心配があった。そして、なぜ毎日ではなく、2日おきの操業に決めたのかを質問すると、操業による人件費の経費削減のためという回答であった。人件費は漁業者にとっては収入であり、漁獲が好調であれば収支ゼロであっても操業すれば収入が増えるのであるが、どうも管理者側の上からの目線を感じざるを得なかった。

ラヨーンの場合は漁業者組織を先ず作り上げ、そのグループを対象に漁具仕立てや敷設作業を指導し、操業を続ける中から組織としてのまとまりができ上がってきた経緯があった。これに対して、バンサパーンではすでに水産局指導によって作られた地域漁業管理の組織があり、この組織を対象に定置網の指導を行い、操業を始めたことになる。あくまでもトップダウン方式による組織であり、水産局指名の担当者による運営体制であった。そのために漁業者グループのオーナーシップが育っていない印象が強く、管理担当者が不在となったことで3年目以後の操業再開がなされないままに過ぎてきている。

図38　定置網再開に向けた公聴会

一方、ラヨーン地区では2013年漁期が終わった時点で10年間の実験操業許可が終了したことから、水産局からの操業認可を改めて取得することが要求され、2014年6月にはパブリックコメントを集約するための公聴会が開かれた。そのなかで、定置網漁業者グループの代表からは定置網操業が地域振興に有効であることを陳述する機会があり、特に2013年6月にオイルパイプ破損で生じた原油流出事故の後の漁場や資源への影響を確認していくためにも定置網操業を継続することが必要であることが強調されていた。これまでの水産研究所に対する10年間の実験的操業への許可に対して、漁業者グループが主体となっての操業許可申請が認められるかどうか、その過程で水産局や地方自治体、そして地域住民や周辺漁業者からの支持をえられるのか、漁業者グループのオーナーシップを含めて、エリアケイパビリティー（Area-capability：ＡＣ）の本質が問われているといっても良いだろう。

村張り定置網がケアする沿岸漁場

日本の村張り定置網の仕組みが途上国の漁村振興に役立つと考え、定置網を技術移転しようと始めたときに問題となったのがタイ国政府の定置漁具を違法とする規則であった。２００４年からの10年間の操業については、水産研究所に試験的な許可を与えて実施しているという状況であり、今後の操業や普及に向けた許認可の可能性については検討課題のままであった。タイ国の沿岸には杭で立てた細かい網目の伝統的な定置網が多数設置されている。日本の湖沼や沿岸のごく岸近くで使われる魞《えり》・簀立《すだて》に相当する漁具であり、これが幼稚魚を専獲することから、厳しい規制の対象となっている。現在使われている漁具については既得権として認められているものの、新たな漁具の設置は許されていない。定置網は幼稚魚の保育場となる浅場に設置され、不合理に幼稚魚を漁獲する漁具と定義されているわけである。このようなタイの水産常識のなかで、もっと大型の日本の定置網の導入について消極的な行政の立場があった。日本式の定置網はタイの伝統的な漁具よりも大きいが、岸から離れた水深12メートルと深い場所に敷設されて沿岸に来遊する回遊魚を狙うことになる。網目も小魚が逃げられるように大きくなっており、幼稚魚を専獲す

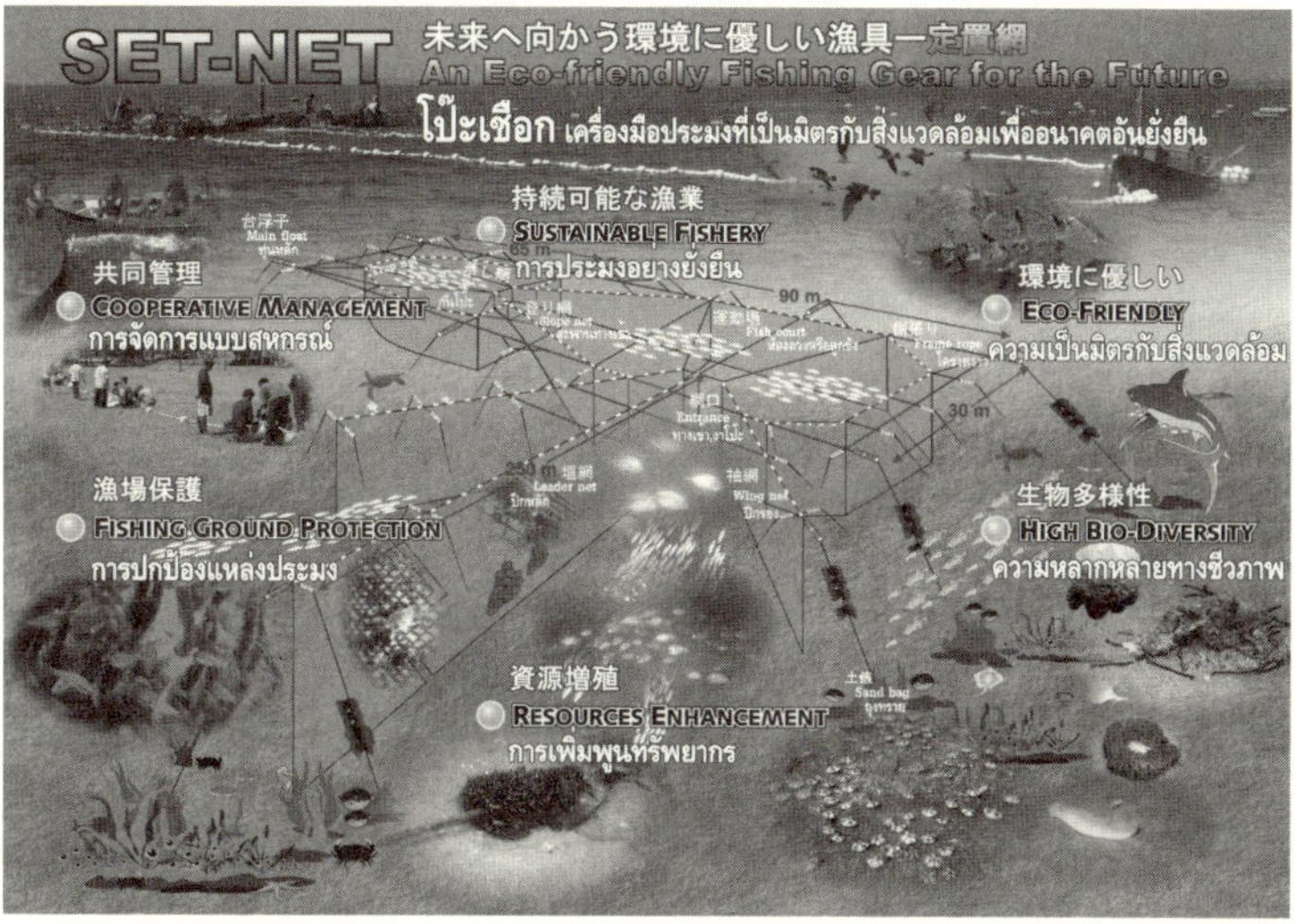

図39　定置網ポスター ～ 未来へ向かう環境にやさしい漁具

るものではない。しかし、すでに述べたようにタイ湾内の資源は枯渇していることが強調されてきており、これがトロールや巻網、そして沿岸漁業ではカニ籠の技術導入が原因しているとタイ国では理解されている。新しい漁具を導入することで、さらに状況を悪化させることを心配する行政側の立場もよく分かる。

そこで導入プロジェクトとしては、日本式定置網が幼稚魚を専獲する簀立とはまったく異なる漁具であることを実証するために、それぞれの漁獲物の体長組成を調べて比較し、水深12メートルに敷設された日本式定置網が幼稚魚を専獲することはなく、簀立とはまったく違う漁具であることを実証してきた。現地で開催されたセミナーでも、「未来へ向かう環境にやさしい漁具」

として定置網を紹介し、ポスターを作成して以下のように定置網の特性を説明している。

漁業者がグループでまとまって定置網を操業することで、個別にさまざまな漁具を使っている沿岸での漁獲努力を減らすことにつながり、しかも定置網周辺の漁場について自分の庭としての意識が涵養され、沿岸漁場の共同管理に結びつくことがまずあげられる。また、定置網の存在によって沖合漁船の沿岸への侵入がなくなり、漁場の保護に役立っていることは、定置網漁業者はもちろん、その他の沿岸漁業者にも共通の理解となってきた。この定置網を敷設した場所には産卵期に来遊した生物が土俵や網に産卵し、定置網のまわりで幼稚魚が育って、垣網や運動場の網のまわりで網目を出入りして泳いでいることも潜水観察によって確認されている。水深が10メートルより深い漁場では天然の保育場となる藻場が乏しいために、定置網があることで貴重な保育環境を創出する効果が得られ、資源増殖の機能が発揮されることになる。さらに、全体として集魚効果のある魚礁として機能し、大型回遊魚が増加して、漁場の生物多様性に役立っていることも説明されている。こういった日本式定置網の利点を総合して「環境にやさしい」漁具であり、持続可能な漁業を実現するためのツールとなりうることをポスターでアピールしてきた。

富山県氷見市と海洋大のチームはタイ国に続いてインドネシアでも漁村コミュニティー振興のツールとして定置網技術移転を進めてきたが、こういったプロジェクトの成果として何を目指すのかを明確に示すのは難しい。特にODAや政府主導の技術移転においては初期設備投資を支援することになるが、この援助部分を充当するだけの収益性を見込めない限り、援助の切れ目が成果の切れ目となってしまう。特に、定置網操業のなかで重要な作業は漁具の維持管理、修理修復、そして耐用年数を過ぎた後の漁具の更新であり、このための経費を減価償却する概念が経営体のなかに定着している必要がある。その意味では、日本の漁具を持ち込んで実施する支援についてはプロジェクト期間終了後の操業持続性を担保するのは困難であり、現地で入手できる漁具資材と漁業技術に対応した初期支援、そして地産地消の魚価にみあった初期投資での事業開始が望ましいことはいうまでもない。

また、定置網ならではの漁業の特性について現地関係者の十分な理解が必要であり、漁具敷設位置の決定に際しては漁場占有に対する地元の合意形成が、さらに、その後の普及展開に先立って規制のあり方が議論されることは必須である。その意味では、日本式定置網の導入に対して慎重なタイ水産局の姿勢はもっともであり、定置網という新しい漁業技術が過剰漁獲による資源の枯渇に結びつかないことを説明することが必要であった。

定置網はなぜ環境にやさしいのか

定置網が沿岸域に来遊した魚群を待って獲る受動的な漁具であることから、トロールや巻き網に比べて資源へのインパクトの小さいことが日本では強調されてきた。このことについて、実際にはどのようにすれば検証できるかが、ラヨーンの定置網を評価する上で大きな課題となってきた。そこで、定置網の水揚げ資料をもとに、どのような魚種がどれだけ漁獲され、その傾向が年を追ってどのように変化するかを調べることとした。もちろん定置網の漁獲物は日によって変化し、月別に変わってくるが、ある年の漁獲物がどのようになっていたかを平均栄養段階という数値で示すこととした。この方法はダニエル・ポーリー（Daniel Pauly）博士によって提案されたもので、北太平洋とか大西洋といった大きな海域の漁獲傾向について、数十年という長い期間を通した変化を調べている。そして、漁業が開始された当初にはマグロやタラといった栄養段階の高い生態系上位種を漁獲していたものが、漁業を続けるなかで年を追って上位魚種が枯渇してくると、栄養段階の低いアジやイワシに漁獲対象を変えてきていると説明し、漁業崩落（Fishing down）という定義をして、漁業という人間の活動が生態系に与える影響について警鐘をならすものであった。

この考えが常に正しいかどうかの答えはまだでていない。漁業崩落という現象について、気候変動による海洋環境の長期的な変化（レジーム・シフト、Regime shift）のなかで起きている魚種交代の一部分を切り取って説明しているに過ぎないという批判もすでに提示されている。海の生態系の生産力を上手に利用するには生態系の上位魚種（魚食者）ではなく、プランクトンを食べている数量的に多い下位魚種を対象にするべきであるという考えもある。しかしながら、ポーリー博士の研究グループは世界各地の事例を調べて漁業崩落が一般論として成り立つことを説明してきており、タイ湾内についてもトロールが対象とする底魚資源で漁業が開始された1960年代以後に急激に漁獲物平均栄養段階が落ち込んできたことが示されていた。

ポーリー博士は、広い海域について数十年間といった長いスパンでの漁場の平均栄養段階を求める方法により、高次生物から低次へと漁獲組成が変化していく傾向を見ている。ここではラヨーンという地域的に限定された沿岸漁場で、定置網という漁具についての検証を行い、漁獲傾向が急激に変化する現象がみられるのかどうかを調べることとした。これを担当してくれたのは国立東部水産研究所のウドム・クルエニアム（Udom Krueniam）研究員で、定置網技術移転が始まった当時に氷見市での3年目の定置網研修に参加しており、私たちがラヨーンでの調査活動に入ったときの現地側のカウンターパートでもあった。彼が日本への留学の機会を得て、2013年から東京海洋大学で2年間の研究を実施した。

図40　水産研究所での魚体サンプリング

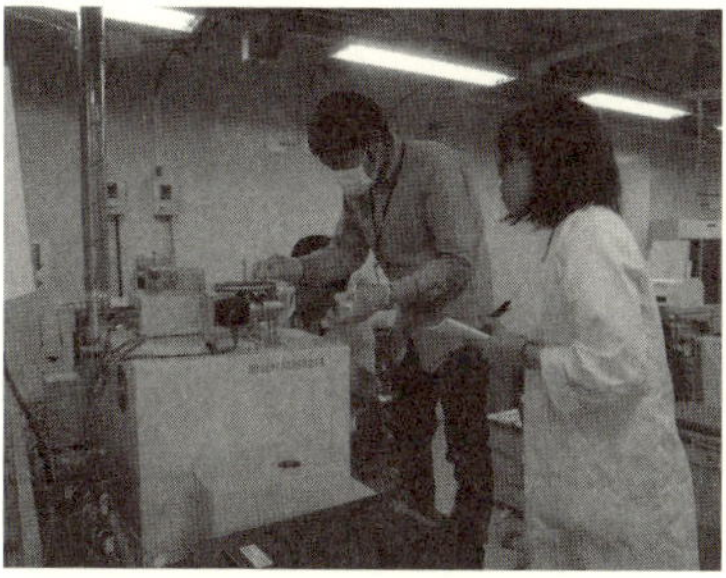

図41　地球研での安定同位体分析

漁獲組成についての基礎資料は漁業者がまとめた漁獲・販売記録をもとに水産研究所ですでにまとめられていた。このなかから主要生物種をあらかじめ選び出しておき、定置網からその日の朝に獲れたばかりの漁獲物を集めてきて、消化管内容物を検査することから研究を開始した。実際には消化管になにも残っていない場合や、完全に消化されて溶けてしまっていて見分けのつかない場合も多いが、食べていたものが残っている場合には、それが魚類か、甲殻類かを見分け、また顕微鏡で見て植物プランクトンか動物プランクトンかを判別するといった方法であった。これで大まかな見当をつけることはできても、その種の栄養段階を判定するには程遠い状況であった。

そこで現地で得た漁獲物から筋肉片並びに消化管内容物を採取し、それらの炭素・窒素の安定同位体比を測定し、栄養段階の推定を行って食物連鎖上の位置づけを行うことを試みた。栄養段階は生産者（植物プランクトン）で1、これを食べる一次消費者（動物プランクトンや小魚）は2、二次以上の高次消費者（魚食者）では3以上となる。全部で48種、1030個体のサンプルを対象に、京都にある総合地球環境学研究所で分析を実施した。これと同時に、季節別に、そして定置網の近くと離れた場所とでプランクトンやベントスも採集し、これらについても測定を実施した。結果として定置網漁獲物は低次のプランクトン食から高次の魚食者まで幅広い栄養段階のものが含まれ、これにベントス食の種類が加わって、大きくふたつのグループに分類することができた。漁獲物の主体は栄養段階としてやや高めの3・0～3・5の階層となり、これに加えてより低次と高次の漁獲物が散見される傾向が確認できた。

この研究の発端は日本式定置網の技術移転をテーマに来日して東京海洋大学で研究していたノッポーン・マーナジット（Nopporn Manajit）さんが操業5年目までの漁獲結果をもとに手がけた

内容でもあった。このときは主要魚種の栄養段階を推定する方法がなかったために、国際連合食糧農業機関（FAO）のホームページで公開されているFishBaseという資料の数値を仮に使って算出していた。ウドム氏による安定同位体の分析に基づいた実測的な推定結果に比べると、ノッポーンさんの推定結果ではやや高めの栄養段階となっていたものの、全体的な傾向は両者で同じであることが確認できた。FishBaseは世界各地で調べられた各魚種の栄養段階を網羅的にリストアップしているが、これを用いてタイ湾の漁獲物の栄養段階を暫定的に評価しても支障はなさそうである。

また、タイ国の他海域のごく浅い沿岸に設置された簀立（小型定置網）では漁獲物平均栄養段階が3・0〜3・1とラヨーンの日本式定置網より低い値となり、漁獲物の組成が異なることが確認できた。タイの水産局の研究によって、湾内のトロールの漁獲物平均栄養段階では年度を経て急激に低落する傾向が報告されている。これらと比較してラヨーンに導入された日本式定置網が高次栄養段階の種を主体としてバランスのとれた漁獲物組成となり、幼稚魚だけを狙ったり、逆に栄養段階が高次の高級魚ばかりを専獲したりするものではないことを検証する資料となる。11年間の経過のなかでもこの状況が急激に変化する傾向は見られずに安定したものであった。定置網という漁獲方法が本当に環境や資源にやさしい漁法であることを実証するためには他の地方の定置網や、同じ海域での沖合のトロールや巻網といった漁法との比較が必要となるが、ラヨーンの定置網について漁獲物の食物網上での位置を明らかにして、年度によって主要魚種の漁獲傾向は変化しても、平均栄養段階としては安定していることを明らかにできたことは、定置網が環境にやさしいことを説明するための大きな成果であった。

まとめ――定置網のACサイクル

途上国での日本式定置網の導入が地域のAC向上にどのような機能を果たすのかを明らかにすることが、総合地球環境学研究所のプロジェクトのなかで私たちに与えられた課題であった。タイ国ラヨーン県の場合、当初は10年間の試験操業という形で水産局からの操業許可を得ており、この試験期間を終えた2014年には操業期間延長の申請を行った。実験的な操業としてではなく、漁業者グループによって正規の操業許可を申請する動きであった。ここで、タイ国沿岸域に多く操業されている簀立漁具が違法漁業として指定されており、既得権漁場以外の新規の開始が認められていないことがプロジェクト当初から問題となっていた。だからこその10年間の試験的な操業許可で始めたプロジェクトであったが、その10年を過ぎた今こそ、改めて正規の許可を得るための漁業者独自の申請に向けた努力、それを支援するタイ側の研究者、技術者の動きがあり、さらに地元漁業者や小売業者、仲買業者をはじめとする地域住民の支持が得られるかどうかが、ACの本質に係る焦点となっている。

定置網操業のための漁業者組織の形成について、この規模の小型定置網であれば定置網操業に特化した漁船と漁業機械を使うことで、日本では親子・兄弟あるいは夫婦の2名で十分に操業できる。ラヨーンの定置網について、参加人数を少なくして個々の収入を増やすことは可能であるが、漁村コミュニティー振興のための村張り定置網というコンセプトからいえば、漁獲販売収益を分配して参加者が満足できる日当収入の得られることが大事であると考えている。

漁業者収入は日当と漁期終了後に収益を分配するボーナスから成り、2003年の結果では日当が1日当たり100バーツ、そして収益が十分でなかったために貯金の全額を維持管理費に回したことで分配は行われなかった。ここで多数の参加漁業者の脱退があったことになる。2004年の漁具設計改良後の漁獲の向上によって日当は200バーツとなり、さらに2008年には250バーツに設定され、2年目以後は収益を漁期末にボーナスとして配分し、さらに4年目には貯蓄分から2カ統目を作成している。

定置網漁業者グループの収入を考えると現状でも決して十分なものではなく、魚籠や刺し網のような他の漁業種で単価の高いハタやガザミを対象に操業した方が収入は多くなる。それでも創業時からのメンバーがこれまで継続していること、そして操業再開を強く希望している理由について、インタビューを通じて明らかにしてきた。第1に、定置網が収入補完のための副業となっている場合である。レストラン経営者であれば、数日置きの午前中の定置網操業に参加しても営業に支障はない。また魚籠、イカ籠のように漁具を数日間敷設したままにして、浸漬日数を置く操業についても同様である。逆にいえば、ラヨーンの定置網が毎日連続の操業にならないことは、入網したものが箱網に溜まることを期待しているというだけでなく、メンバーのそれぞれの兼業漁業種の組み合わせや生活様式に起因することになる。兼業で別の漁業種に従事しているメンバーからは、自分の漁具の操業であれば修理や交換、そして漁船の燃油代といった経費を考える必要があるが、定置網の場合は経費を全体でまかなっていることで操業に参加した日数に応じて定常的に給与を得られることに大きなメリットを感じていた。

日本式定置網を導入する利点として、漁業者がグループで定置網に従事することで、これまでの個別の操業に比べて沿岸資源への漁獲努力を低減させることが挙げられていた。実際には定置網を操業しない日にはそれぞれが個別の漁業種を操業することになり、魚籠やイカ籠の場合は努力量を減らすことにはならなかった。ただし、タイワンガザミを対象とするカニ刺し網の場合は沖にでている操業時間が長く、さらに帰港してからカニを網から取り外す家族総出の作業に時間がとられることから、定置網漁業者が兼業として従事することは困難であり、カニ刺し網の努力量を減らすことにはつながったと考えている。

定置網漁業者が継続を希望するもうひとつの理由として、グループで操業を行うことが個々の参加者にプラスに働いている可能性がある。インタビューを通して、これまでのグループでの活動を通じて、すでに仲間意識が確固たるものになっていることは感じられる。また、グループでの活動が情報交換や意見集約の場となっており、個々に操業している地元の一般漁業者とは別の力量を発揮し始めている。2012年にはこのグループ活動が漁業者研修センターとしてラヨーン県から指定され、地元漁業者や一般市民を集めての研修会を定常的に実施している。また、リーダー格のメンバーは著しく発言力を増してきており、2013年の原油流出事故に際しては地元漁業者を代表する形で石油会社や政府に対しての要請を伝える立場となっていた。このグループとしての存在感の向上は、定置網技術の導入によって漁業者がグループを形成して操業するなかから、日本の漁業協同組合のように漁村コミュニティーの核になってくれないかという当初の期待に添ったものとなる。同時に、原油流出事故の折には漁業者個人としてではなく、まとまりのあるグループの代表として前浜意識による漁場管理に向けて発言しており、2014年の操業許可更新にむけた公聴会においても、定置網の操業を通じて、漁獲物のモニタリングが流出事故後の状況評価に重要となることに重点を置いた発言になっていた。このタイ国の様子を見ていると、定置網漁業者グループが地域コミュニティーではなく、漁場を共有する漁業者のコミュニティーであることが理解でき、今後の途上国への定置網の普及を考える際に、どこまで普遍性があるのかも検証するべきであろう。

タイの定置網について操業許可の更新がなされるかどうかは、定置網が地域でどのように評価されているかが重要な要素となる。先ずは定置網メンバーが定置網による漁獲量や販売収益をどのように評価しているか、特に創業時からのメンバーの意識、そして年配者が抜けていく過程で新たに参加したメンバーはどのような期待で参加し、どのように満足しているかを調査していくことも課題である。単なる収入補完としてだけではなく、プラスに働く別の要因があるのかを明

図42　バンコクで開催した鮮魚普及イベント

らかにすることを試みる必要がある。一方で、周辺漁業者の定置網に対する評価として、同じ漁場で操業している場合でも漁業種類別に意識の違いがある筈であり、定置網が存在することで魚礁効果を期待し、また沖合の巻網やトロール漁船が沿岸域で操業しないようにするバリアー効果を期待するとしてプラスに受け取る場合もある。一方で、刺し網漁業者では漁具設置の場所を定置網に占有されていることへの反発や、様々な魚種を大量に漁獲すること、漁獲選択性の低いことをマイナスに評価していた。

この他にも、仲買人や小売業者、加工業者、あるいはレストラン経営者といったさまざまな関係者や一般消費者の定置網についての評価も重要であり、これら全体が公聴会では集約されて、操業継続を希望する地域からの声となってくれていた。なお、定置網漁獲物の鮮度の良さは高く評価されているものの、それが魚価に反映されているかどうかは別の問題となってしまう。日本でも漁業者、生産者が主体となった六次産業化への動きの難しさはあるが、定置網の漁獲の特性に対応したグループの経営努力にはまだ工夫の余地が感じられる。特に大量漁獲の場合の販路確保や、レストランへの直売、そしてバンコクなどの大都市への活魚出荷等が収益増大に向けた今後の課題となる。バンコクへの出荷は定置網の操業が開始された当初からの夢であったが、2015年11月に日本の水産物を鮮魚出荷して輸出促進を図ろうというイベントがバンコク日本大使公邸で行われた。残念ながら定置網は休漁中の時期であったが、定置網グループの代表者にラヨーンで高鮮度の漁獲物を集めてもらい、会場に持ちこんで展示し、鮮度の良さを仲買業者やレストランのオーナーに見てもらった。また、定置網の操業の様子や鮮度保持のための水氷の使い方をスライドで紹介して、漁業者から定置網漁獲物の品質の良さを説

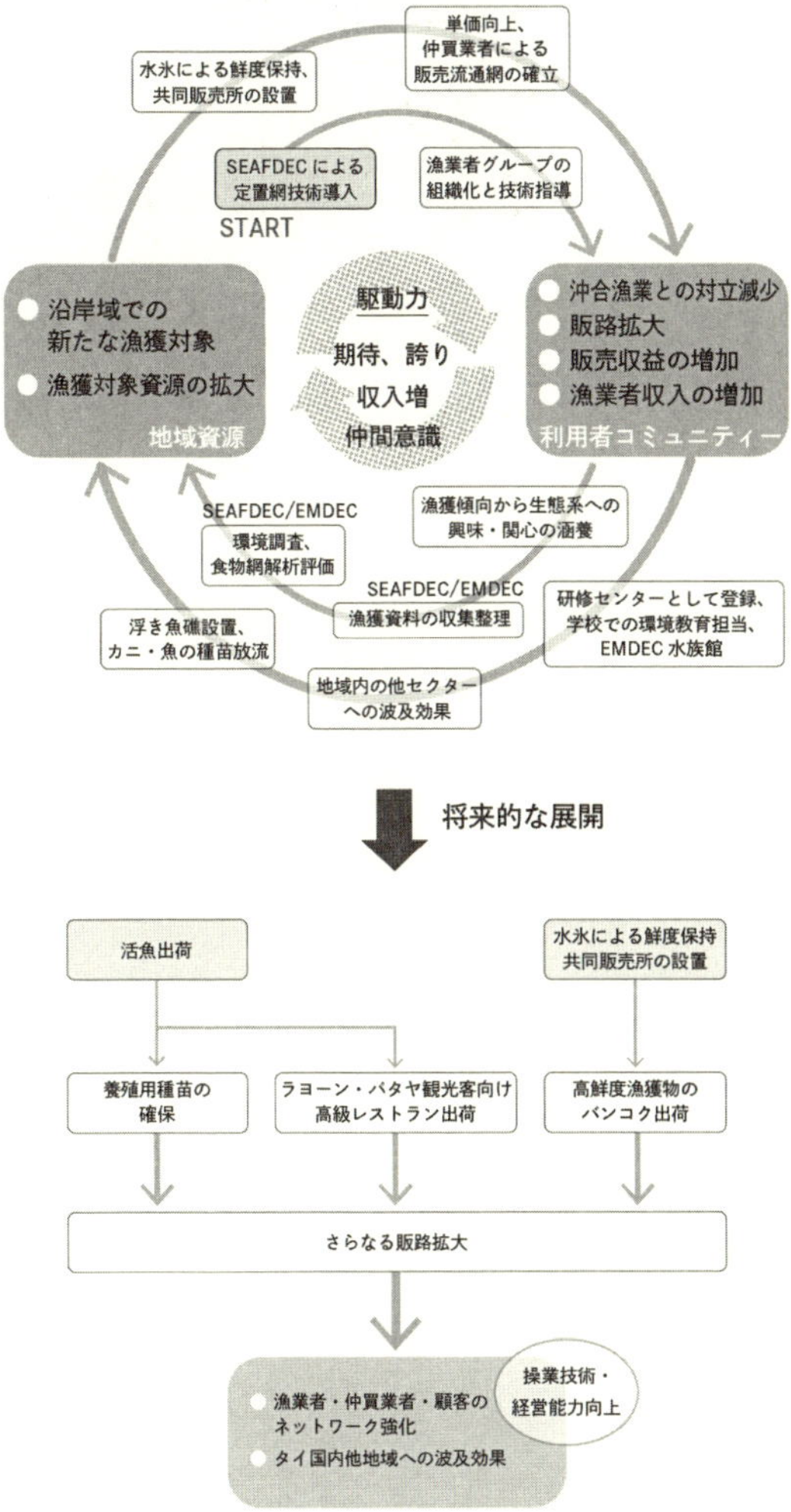

図43　ラヨーン定置網をめぐるACサイクル

図44　ラヨーン水族館に展示された日本のガラス玉

明する機会を得ることができた。次の漁期開始に向けて水産局からの操業許可が得られれば、バンコクへの出荷という夢がついに実現するかもしれない。

これらの可能性を含めて、ラヨーンに定置網を導入し、操業を開始してからの漁業者グループや小売業者の生活の変化、仲間意識の強化といった動きが始まり、さらに環境や資源への配慮や意識の向上、そして水産研究所での定置網漁獲物についての生物調査や食物網としての解析といった動きによって良い方向への回転が動き始め、大きく広がってきた様子をACサイクルとして図示した。ここで駆動力の基礎となるものは定置網漁業者のグループとしての意識であり、増収への期待だけではなく、タイでの定置網導入のパイオニアとしての誇りやグループ活動を通じて育ってきた仲間意識であろう。これまでの12年間の操業を通じて漁業者グループが沿岸漁場や来遊資源についての興味や関心を持つようになり、地元の水産研究所による漁場の環境や生態調査を含めて、定置網の対象とする資源の持続的な利用に向けた動きが強く、大きく育ってきた経緯からは、次の新しいサイクルへの期待が膨らむものであった。

日本の定置網をタイに導入するプロジェクトの舞台となっているラヨーンで、地元の水産研究所が技術移転後の指導と生物調査を担っている。このセンターの施設として、2004年に水族館がオープンした。その資料室には漁業の現状を伝えるための漁具模型や、伝統的な沿岸漁具の数々が陳列されている。その一角になぜかたくさんのガラス玉が転がっていた。日本で昔使っていたものと同じなのを不思議に思っていたところ、案内をしてくれていたアスニー氏もこれに気がつき、このガラス球は50年前にここで実験的に定置網を導入したときの漁具の残りに違いないという。日本からはるばるタイに運ばれてきたガラスの浮子が半世紀の時を経てここに飾られていることに驚き、今現在進んでいる技術移転までの両国の長い漁業技術協力の歴史を示す記念の品となっていることに感動したのを思い出す。氷見市から始まった定置網技術を世界に発信しようという動きは、東南アジア漁業開発センターとの連携、そしてタイの漁業者や研究者との連携へと進み、交流の輪はさらに広く、強いものになろうとしている。沿岸域管理のためのツールとしての定置網漁業の技術移転は次の起承転結に進み、東南アジアの漁業を変えていくものになるかもしれない。

参考文献

有元貴文・武田誠一・佐藤要・濱谷忠・濱野功・茶山秀雄・江添良春・Munprasit, A., Amornpiyakrit, T., Manajit N.「日本の定置網漁業技術を世界へ――タイ国ラヨン県定置網導入プロジェクトの起承転結」（『ていち』110号、2006年）19～41頁
有元貴文「大学における国際学術交流――過去・現在・未来」（『21世紀における国際学術交流』日本水産学

会漁業懇話会報51号、2006年）1～14頁
有元貴文・崔浙珍・安永一・Munprasit, A., Hajar M.A.I.「定置網漁業における取り組み」（『東アジアにおける持続的漁業への提言』日本水産学会漁業懇話会報53号、2007年）17～20頁
有元貴文「日本式村張り定置網の技術移転による漁村コミュニティ振興」（『アジア太平洋島嶼域の国際開発協力における持続的な漁業への提言』日本水産学会漁業懇話会報54号、2008年）41～51頁
有元貴文「海の恵みの持続的可能性」（日本海学推進機構編『日本海学の新世紀8　総集編――日本海・過去から未来へ』角川学芸出版、2008年）332～343頁
有元貴文・武田誠一・馬場治・濱谷忠・濱野功「日本式村張り定置網のインドネシアへの技術移転」（『ていち』114号、2008年）1～14頁
有元貴文・武田誠一・馬場治・工藤尊世・高嶋優・渡邊証・金子紋子・Munprasit, A., Amornpiyakrit, T., N. Manajit, Yingyuad, W., Sornkliang, J., Munprasit, R., Phuttharaksa, K., Khrueniam, U., Boutson, A.「定置網と沿岸域ケイパビリティ」（『東南アジア沿岸域におけるエリアケイパビリティーの向上プロジェクト中間報告書』総合地球環境学研究所、2015年）391～455頁
有元貴文「外から見直す日本の定置網漁業――現状と今後の課題」（第39回　相模湾の環境保全と水産振興シンポジウム『相模湾の定置網漁業の現状、課題と今後の方向について』水産海洋研究、2016年）168～171頁
有元貴文「タイ国ラヨーン県における定置網導入によるエリアケイパビリティーの向上」（『エリアケイパビリティーアプローチによる漁村開発』日本水産学会82号、2016年）823頁
江添良春「氷見から世界へ発信!!人と環境にやさしい定置網漁業――氷見定置網トレーニングプログラム事業」（『ていち』101号、2002年）55～72頁
江添良春「世界定置網サミットin 氷見を開催して」（『氷見定置網トレーニングプログラム』『ていち』103号、2003年）31～37頁

今孝悦・Khrueniam, U., 有元貴文・吉川尚・岡本侑樹・石川智士「タイ・ラヨン沿岸における定置網漁獲物の栄養段階」（『微量元素・同位体を指標とした沿岸域の物質動態研究の現状と展望』日本水産学会誌80号、２０１４年）８３７頁

氷見市産業部水産漁港課『氷見定置網トレーニングプログラム報告書』（氷見市、２００３年）３１３頁

Fisheries and Fishing Port Division, Industry Department of Himi City: Report on the Set Net Training Program in Himi, CHUETSU Co.Ltd, p.117, 2003.

Inoue Y., Matsuoka T. and Chopin F, “Technical guide for set-net fishing”, City of Himi, Kita-Nihon Kaiyo Center Ltd. p.42, 2002.

Manajit,N., Arimoto,T., Baba,O., Takeda,S., Munprasit,A. and Phuttharaksa,K. “Cost-profit analysis of Japanese-type set-net through technology transfer in Rayong, Thailand”, *Fisheries Science* 77, pp.447~454, 2011.

Munprasit A., Amornpiyakrit T., Yasook N., Yingyuad W., Manajit N. and Arimoto T. “Fishing methods and catch composition of stationary fishing gear in Thailand” (Proceedings of International Seminar on Field Survey for Evaluation of Discards in Capture Fisheries with a Standard Method), *The Steering Committee for the Colloquium on Fishing Technology*, No.50, pp.43-44, 2005.

Munprasit A., Amornpiyakrit T., Yingyuad W. and Arimoto T. “Enhancing Community-based Management through Set-net Fisheries: A Regional Fishery Collaborative Venture”, SEAFDEC, *Fish for the People*, Vol.10 No.3, pp.2-11, 2012.

SEAFDEC Training Department “Final Report of Set-net Project / Japanese Trust Fund I - Introduction of set-net fishing to develop the sustainable coastal fisheries management in Southeast Asia: Case study in Thailand 2003-2005”, Southeast Asian Fisheries Development Center, *TD/RP*/74, p.402, Sep.2005.

SEAFDEC Training Department, “Set-net Fishing Technology Transfer for Sustainable Coastal Fisheries Management in Southeast Asia”, *TD/RES*/107, p.214, 2008.

第5章　タイ国サムットソンクラームのマングローブエコツーリズム

堀　美菜・宮田　勉

東南アジアの沿岸地域では、漁獲圧の上昇や水産資源の減少を背景に、漁業世帯の漁業への依存を減らし、低迷する漁業収入を補う生計手段が求められている（Carter & Garaway 2014）。漁獲物に付加価値をつけるための水産加工業や、農業など収入を安定させるための兼業に加え、観光業は地域資源を有効に活用することができ経済効果も大きいことから、漁業を代替する産業として国際機関や政府機関により推進されている（Fabinyi 2010）。近年では、エコツーリズムに代表される各地域の環境や文化を活かした体験型の観光へのニーズが高い（真板ほか２０１１）。

エコツーリズムには国内外で複数の定義があるが、国際エコツーリズム協会（ＴＩＥＳ）や国連世界観光機関（ＵＮＷＴＯ）のいずれも、生態系の保全に貢献すること、参加者と地域住民の双方に教育的効果を与えること、利益が地域に還元されることを求めている（World Tourism Organization 2001; The International Ecotourism Society）。しかし、漁業者がこれらの条件を満たす活動を始めることは容易ではない。既存の研究からは、アクセスがよく訪問者が急増し地域が対応しきれなかった例や、保全が重要視され漁業活動が困難になった例など、漁業と観光業の両立には課題が多いことがわかっている（Young 1999; Oracion et al. 2005）。

本章では、東南アジア沿岸域の漁村における住民参加型のエコツーリズムの成功例として、タイ国サムットソンクラーム（Samut Songkhram）県ムアン（Mueang）郡クロンコン（Khlong Khon）・マングローブ・コンサーベーションセンターの事例を取り上げ、同センターの設立経緯、活動内容を踏まえながら、当該地域でエリアケイパビリティー（Area-capability：AC）がどのように育まれてきたのかを考察する。本章に出てくるデータは、著者らが２０１２年９月、２０１３年８月、11月に同センターを訪問し、センター代表、メンバー及び地域住民からの聞き取り調査で得たものである。

村の自然を取り戻す

クロンコン・マングローブ・コンサーベーションセンター（以下センター）は、バンコクの郊外、車で1時間半程度のところに位置している。コンサーベーション（保全）センターといっても鬱蒼とした自然の中にあるわけではなく、幹線道路から案内に沿って漁村へ入った所にバンガローがいくつかと、シャワーやトイレ施設の他に竹で組んだテラスと小屋があるだけだ。

センター設立のきっかけとなった活動は１９９０年代にさかのぼる。１９８０年代後半にタイ国沿岸域ではエビ養殖が急速に発展し（倉島ほか２０１３、多屋２００３、村井・鶴見１９９２）、センター周辺の地域でもマングローブ林の伐採と養殖池の造成が進められた。１９８８年頃には養殖池の排水などにより地域のカニやエビの漁獲量が減少した。池主の多くは地域外の人々であったことから、病気の蔓延によりエビ養殖ブームが終焉すると、養殖池は放棄され劣化した環境が残された。そこで、地域のマングローブ林を回復すべく、１９９１年に当時の村長が村内で有志を集め、タイ国の母の日にあたる王妃の誕生日である8月12日にマングローブの植林を始めたことがセンター設立の前身となっている。

１９９７年には、マングローブ林の保全に１９９４年頃から精力的に活動されていた（The Sirindhorn International Environmental Park）シリントーン王女殿下がセンターを訪問され植林を行った。王女殿下は「マングローブ林の景観を損ねる木道を作らずに、船を貸して見学させることで漁業者に仕事を与えるよう」アドバイスされ、98年99年、更に２００２年２００４年にも訪問された。センターは、２０００年には大学の研究者を受け入れ、政府からマングローブ林再生の試行地域として補助金を得て、植樹法のマニュアル化に協力するなど活動が活発化した。２００３年に、コミュニティー零細小企業（Small and micro community enterprise）としてセンターが設立され、従来行っていた植林に加え潟スキーやホームステイなどのツアープログラムを拡張した。センターの活動目的は4つであり、マングローブ林の保全、観光による収入源の確保、十分な収入を通じてコミュニティー内の社会的な問題を解決すること、コミュニティー内の調和をとることである。２００７年にはタイ王国政府観光庁により「最も優れたコミュニティーによる観光（Most Outstanding Community-based Tourism）」として表彰されている。

設立時に25名だったメンバーは、２０１３年には１３８人へと増加しており、センターの活動により地域に雇用が生まれたことで他県に出稼ぎに行っていた若者が村に戻る、女性が工場勤務をやめて活動に加わるなどの変化が起きた。世代交代も進み、２０１３年からはセンターを設立した村長の息子であるピーニティ・ラタナポンタラ（Peeniti Rattanapongthara）氏（通称チェット（Chet）氏）がセンター代表を務めている。

センターの活動とツアープログラム

現在のセンターの活動は、マングローブの植林とエコツアーの提供である。植林はセンター周辺で行われ、従来の植生を考慮した上でヒルギダマシ属（*Avicennia*）、ハマザクロ属（*Sonneratia*）、ヤエヤマヒルギ属（*Rhizophora*）の３樹種が８００ヘクタールに植えられている。センター設立以降12社が企業の社会的責任の一環として、１社あたり16ヘクタールから32ヘクタール（費用は16ヘクタールあたり50万バーツ）の植林活動のための寄付をした。センターでは、これらの寄付に加えツアー料金の一部を植林活動の費用に充てており、今後、更に１１２０ヘクタールに順次植林を進める予定である。

ツアープログラムは、マングローブ林見学、マングローブ林に棲む猿への餌やり、潟スキー、海上の東屋での休憩と食事、バンガロー宿泊、漁家ホームステイを組み合わせて行っており、ツアー開始時には必ずマングローブ生態系についての講義を行っている（図1）。中でも人気のプログラムは潟スキーと東屋での休憩である。東屋は、もともと貝類の養殖場の見張り小屋を観光用に改修したもので、訪問客は海風を楽しみながら食事をしたり昼寝をしたりして過ごす（図2）。食事のメニューは海産物中心で、蒸したグルクマの揚げもの、アカメの揚げもの、トムヤムクン、ゆでミドリイガイ、ゆでハイガイ、焼きエビ、焼きイカ、アミの塩辛ペースト、ごはん、果物が基本メニューとなっている。外国人やベジタリアンにはその都度対応しており、フライドチキンやサラダなどのメニューの提供も行っている。食事に使用する材料のうち貝類は養殖業を行っているメンバーから仕入れ、また、氷や飲料水、果物も地域内の商店

図1　マングローブ生態系の説明をするセンター代表（堀撮影）

図2　海上の東屋（堀撮影）

から購入することで、利益が地域に直接還元される仕組みを作っている。但し一部、魚やイカは村内では必要量が購入出来ないため、近隣の市場で購入している。

ツアーの予約はセンター代表夫婦のみが受けつけ、センター中央の掲示板に予約人数や注意書きなどを指示する。メンバーは、植林、船、潟スキー、食事、ホームステイの5つのグループに分かれて所属しており、各グループのリーダーが最新の情報をメンバーへ伝え、準備の内容や活動内容を指示している。メンバーは、居住場所、性別、生業によって各グループへ割り振られ、漁業者は船を所有することから船の操舵及び潟スキーを、女性は食事、掃除、ホームステイ受入れを、また海に面した地域に住んでいる人々が東屋の管理を担当している。船については順番表を作り、顧客の配分が不公平にならない仕組みを導入している。

1997年に初めて王女殿下が来訪した時のアドバイスを現在も守っており、同センターでは木道を作らず、来訪者は必ず漁業者の船を借りなければマングローブ林の見学を出来ない仕組みを作っている。また、観光にかかる費用を安くするために、外国人労働者による船の操舵を導入する地域もある中、本センターではあくまでも地域住民に利益を分配することを目的としている。メンバーの主な収入源は、漁業、養殖業、観光業であり、観光業が加わることで家計は増加し安定した。

センターの年間訪問者数は2万人を超え、うち4割が学生、3割が会社員、2割が政府関係者、1割が観光客であり、日帰りの利用者が多い。半日滞在が主流であるが、1泊2日の滞在も可能であり、その際はカラオケや近隣の村でのホタル観賞、パームシュガー作りの見学、僧侶への寄進など、文化体験も含めたツアープログラムを展開している。

漁業者を諭す

センターの活動が成功をおさめたことで、メンバーの中には、漁業をやめ観光業に専念することを希望する者も出てきた。しかし、チェット氏は、センターからほど近く有名な観光地であるアンパワー水上マーケットと観光地として差別化を図ること、また、もし観光客がいなくなっても生活が続けられるようにあくまでも観光業は副業として留めておくことが望ましいと考え、「観光業はあくまで副業であり、漁村に漁業がなければ訪問者は何を見ればよいのか」と漁業者を諭している。

メンバーの中には、センターでの船の順番待ちが長く、自分の番があまり回ってこないことへの不満や、より積極的に観光業を行うために、独立して植林活動とエコツアーを提供する者も現れた。元メンバーから4軒、それ以外に1軒が同地域で活動している。いずれも植林活動と潟スキー、ホームステイなどを提供するが、東屋での食事提供をするのはセンターの他は1軒のみである。これら5軒は運営についてチェット氏に相談しアドバイスを求めることもあり、センターも予約が多い場合に協力を求めるなど関係は良好である。

マングローブ植林による資源と誇りの涵養

　エコツーリズムでは、一般的に外国人観光客をターゲットにすることが多いが、本センターの外国人観光客数は年間400名程度に留まっており、訪問客の大半はタイ人である。特に大企業の日帰りの社員旅行に利用されている点が特徴的であった。バンコクから車で1時間強という好立地に加え、センターの発展期が、タイ国の経済発展と共に各企業が企業の社会的責任の一環として、環境保全活動などに力を入れた時期（ジョマダルナシル 2015）と重なったこと、更に、センターの受け入れ上限が1日500名と大きく、大企業や学校のニーズに応えられたことが継続かつ安定した集客につながっていよう。

　本事例をACサイクルに当てはめてみると、始まりは外部者にマングローブ林を破壊され、水産資源が減り、危機を感じた一部の村人たちがマングローブ林の植林活動を始めたことであろう。その活動は、センターの設立、エコツアーの提供と新しいメンバーを巻き込みながら発展した（図3）。タイにおける1990年代半ばのマングローブ林保全の政策強化（倉島ほか 2013）という流れに先駆け、明確なビジョンを持ったリーダーを中心に活動を継続する中で、人々は劣化した環境からの脱却を目の当たりにした。

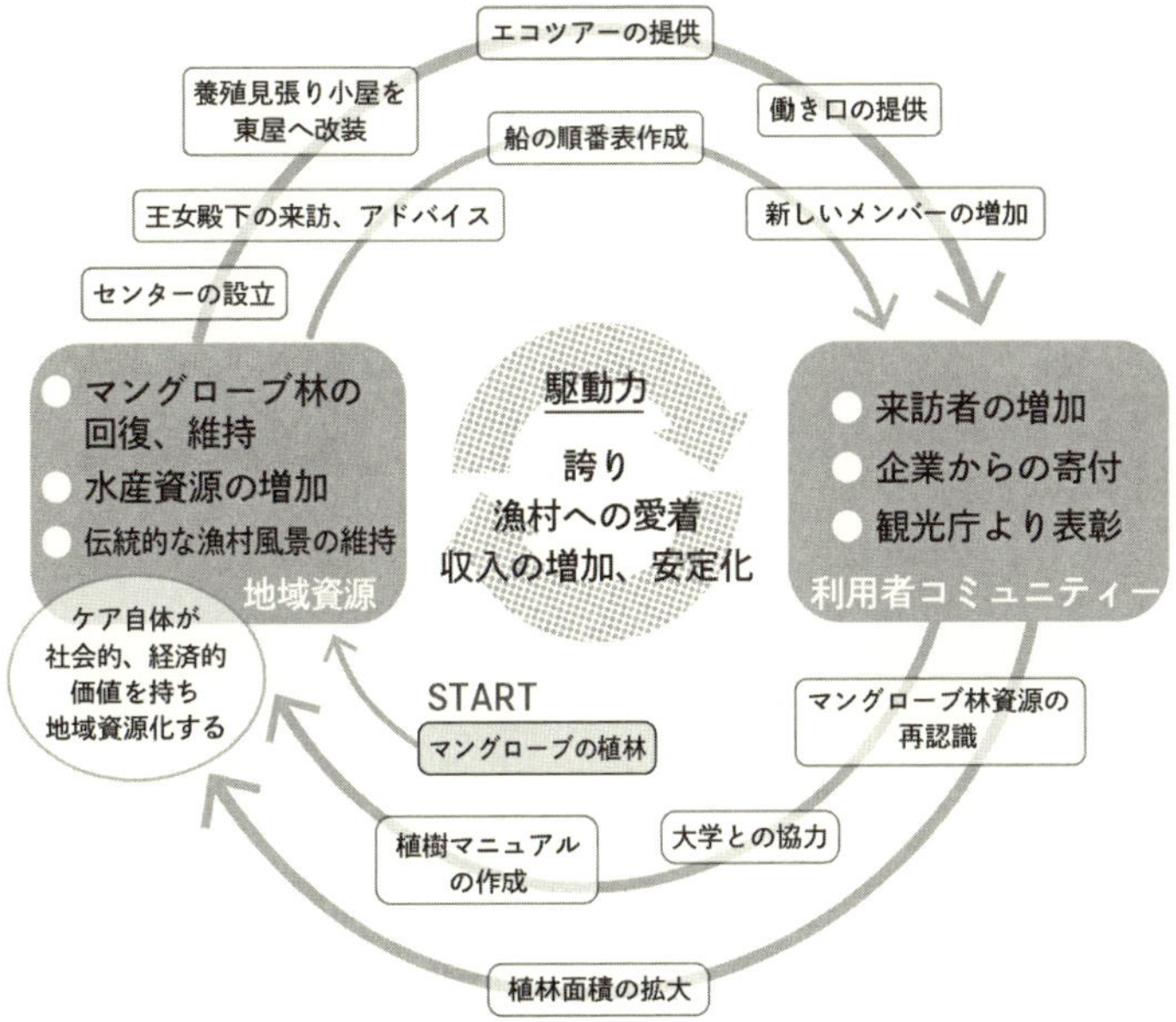

図3　クロンコン・マングローブ・コンサーベーションセンターのＡＣサイクル

センター設立当時、村長の設備への共同出資の誘いに対し村人のほとんどが「こんなところに施設を作っても誰も来るはずがない」と断ったというが、伝統的にマングローブ林と共に生活する自分達の暮らし方が観光資源としての魅力を持っていることに気付き、王女殿下の来訪やタイ王国政府観光庁から表彰されるなど外部から高評価を受けたことで、人々に活動や地域に対する誇りが涵養され、これがＡＣサイクルの駆動力になっていると考えられた。更には、劣化したマングローブ林をケアすることで、マングローブ林や水産資源など地域の環境や資源の回復が進んだだけでなく、ケアそのものが人々を惹きつける「新たな地域資源」としての価値を持ったといえよう。

参考文献

倉島孝行・竹田晋也・佐野真琴「タイのマングローブ域をめぐる政策と制度の展開——森林セクターと非森林セクターの相互作用過程に着目して」（『アジア・アフリカ地域研究』第12―2号、2013年3月）

ジョマダルナシル「企業の社会的責任（CSR）によるタイ国の貧困削減と今後の動向と課題——タイ国における人口社会開発協会（PDA）の多目的開発活動を事例として」（『金沢星稜大学論集』第48巻第2号、2015年）

多屋勝雄編著『アジアのエビ養殖と貿易』（成山堂書店、2003年）

真板昭夫・石森秀三・梅津ゆりえ編『エコツーリズムを学ぶ人のために』（世界思想社、2011年）

村井吉敬・鶴見良行編著『エビの向こうにアジアが見える』（学陽書房、1992年）

Carter, C., and C. Garaway, "Shifting tides, complex lives:the dynamics of fishing and tourism livelihoods on the Kenyan coast", *Society & Natural Resources* 27(6), 2014.

Fabinyi, M., "The intensification of fishing and the rise of tourism:competing coastal livelihoods in the Calamianes Islands, Philippines", *Human Ecology* 38(3), 2010.

The International Ecotourism Society "TIES announces ecotourism principles revision" URL.https://www.ecotourism.org/news/ties-announces-ecotourism-principles-revision（最終確認日、2016年9月30日）

Oracion, E. G., M. L. Miller and P. Christie, "Marine protected areas for whom? Fisheries, tourism, and solidarity in a Philippine community", *Ocean & Costal Management* 48(3-6), 2005.

The Sirindhorn International Environmental Park "About SIEP, background" URL.http://www.sirindhornpark.or.th/2014/EN/about1.php（最終確認日、２０１６年10月27日）

World Tourism Organization "The British ecotourism market" World Tourism Organization 2001

Young, E. H., "Balancing conservation with development in small-scale fisheries:is ecotourism an empty promise?", *Human Ecology* 27(4), 1999.

第6章　天草・通詞島のイルカウォッチングにみるACサイクル

渡辺一生

天草。古くは、キリシタン文化にまつわる歴史や文学の舞台として知られるこの地は、熊本県の西方に位置し、東シナ海、有明海、八代海に囲まれ、タコ、タイ、ヒラメ、ブリ、アジ、イセエビ、クルマエビ、ウニ、アワビ、ヒオウギガイ、アオサ、岩のり、天然塩など、多種多様な沿岸資源に恵まれている。このような環境の中で、旧五和町二江地区にある通詞島沿岸には、300頭ほどのミナミハンドウイルカが定住している。ここでは、通詞島沿岸のイルカを観光資源として利用するに至った経緯を述べながら、エリアケイパビリティー（Area-capability：AC）サイクルの形成過程について見ていきたい。

図1　通詞島の全景（著者撮影）

通詞島とイルカ

通詞島は、外周約4キロの小さな島で、約170世帯、500名ほどの島民のうち半分ほどが漁業を営んでいる（図1）。この島の名の由来である「通詞」とは通訳を意味するが、平安時代に中国との交易の拠点として通訳が島に住んでいたためにそう呼ばれるようになったという説や、漁師が遠く海外まで漁に出ていたため外国語を話せたという説など諸説ある。ただ、いずれの説にしても、外部と遮断されていた孤島というイメージよりも、古くから外の世界との繋がりが強い島だったようである。

この島の主な漁業は、一本釣り、延縄、素潜りで、素潜り漁師は全て男性である。これは、漁場の潮の流れが非常に早く体力を使うためだといわれている。この地域の素潜り漁は5000年前から行われており、漁師は非常に高い潜水技術を有しているとされている。そしてこの漁場こそが、300頭ほどのミナミハンドウイルカの生息地となっている。

この地のイルカは、世界でも珍しい定住性のイルカである。地元の古老の漁師によると、魚群探知機がない昔は、イルカの群れているところを目印にして漁を行っており、また、島の神様であるアカエイのお供をした生きものとも考えられている。このようなことから、通詞島の人々にとって、イルカは昔から身近にいるあたりまえの存在であった。

では、地元の人々はそのイルカを「地域資源」と認識し、古くからイルカウォッチングを行ってきたのだろうか。実は、イルカウォッチングが開始されたのはそれほど古い話ではなく、また、当初地元の人々は、これにあまり関心を示さなかった。つまり、ある時期を境に、「潜在的な資源」から「顕在化した資源」への転換が起きたのである。

イルカウォッチングの概要

熊本の観光雑誌や観光サイトで阿蘇、熊本城、黒川温泉などと共に必ず登場する通詞島のイルカウォッチングは、2014年現在9万6000人が訪れており、天草の代表的な観光地として定着している（天草市 2015）。現在のイルカウォッチングの運営母体は、通詞島から天草市方面へ車で5分程走ったところにある二江漁港に拠点を置く「天草イルカインフォメーション」である。このイルカインフォメーションは、これまでの業者が個別に運営していた方式を整理し、予約や問い合わせの窓口を一本化するために2008年に立ち上がった比較的新しい組織であり、通詞島でイルカウォッチング業を行なっている地元企業7社と天草漁協五和支所が協同で運営し観光客の割り振りや共通のルール作りなどを行なっている。なお、各業者は自分達で予約を受けることもできるが、過度な値引き合戦によるサービスの低下や安全運行の軽視を防ぐために、イルカウォッチング料金は均一に設定されている。

この二江漁港へ行くには、車を使うと熊本市内から一般道で2時間半〜3時間、熊本空港から飛行機を使うと天草エアラインで天草空港に降り立ち、そこからレンタカーを使って計1時間、フェリーを使う場合は長崎方面から30分程度などいくつかの交通手段があり、熊本・長崎方面の住民にとっては、休日の日帰り旅行にちょうど良い距離である。しかし、その他の県の人々にとっては、必ずしも交通の便が良いところとはいいがたく、天草に来るだけで1日が終わってしまうような立地条件である。それにもかかわらず、この島のイルカウォッチングは全国の人々を魅了し、リピーター率も高い。特にこの島のイルカは、世界的にも珍しい定住性のイルカのため、シケで船が欠航にならない限りほぼ確実に出会うことが出来るのが、他のイルカウォッチングサイトに比べて有利な点である。また、港からイルカの生息スポットまでは小型の漁船で10分とかからない手軽さと、船と併走したり船底に潜ったりしながら遊んでいるイルカの息づかいを間近に感じることができる迫力が、特に女性に人気のようである（図2）。

図2　イルカウォッチング　船から見えるイルカたち（著者撮影）

イルカという地域資源の発見

上述のように、大変人気が高く全国への認知も広がっているイルカウォッチングは、ＡＣコンセプトにおける地域資源の活用方法として大変興味深く、成功例のひとつとして学べる要素が非常に多い。ここでは、通詞島の人々にとって当たり前の存在であったイルカが、地域資源として認知され観光客誘致のために活用されていった経緯について整理してみたい。

そもそも、イルカウォッチングの話がこの地に沸き上がったのは、１９９２年（平成４）頃であった。その頃は、バブル経済が崩壊し県内でレジャー施設の建設頓挫が増えつつあった時であり、天草でも、１９９０年に「天草海洋リゾート基地建設構想」が国のリゾート法によって承認を受けたものの、その開発の先行きが不透明になっていた。そのような中、熊本県では、阿蘇における山と森を中心としたグリーンツーリズムの事例を参考にして、海のグリーンツーリズムのあり方を模索していた。県では、黒川温泉の復活に尽力した後藤氏と、当時、熊日調査研究所の研究員だった田添氏を相談役として起用した。田添氏は、その当時の事をとある講演会で語っているが、県の職員から「田添さんて！　黒川温泉の青年部の人達はよか。天草にもそういう人が絶対おる。天草の人達を黒川の人のようにせんといかん」と誘われ、五和町で実施される観光開発事業に参加することになったそうである（田添　２００５）。しかし、田添によると、１９９２年に実施されたこの事業の説明会の席では、水道や道路などのハード面の整備の要望が目立ち、思うような成果を得ることが出来なかったとも回想している。

この会合の後、県の担当者と田添らは通詞島へと渡ることになった。この当時の通詞島は、釣り客が1500人ほど訪れるだけの他には目立った観光のないさみしい漁村だった。冬場のさみしい雰囲気を明るくするために、島では（数名の有志によって）島と本島を結ぶ通詞島大橋のイルミネーションイベントを行っていた。この有志の中には、その後イルカウォッチングの立役者のひとりになる木口氏が含まれていた。彼は、地元で電気店を営んでいた強みを活かし、大手照明メーカーや照明デザイナーの協力の下、橋のイルミネーションの成功に尽力した。島に、このようなボランティアグループが形成されていたことが、県を巻き込んだ形でのイルカウォッチング事業立ち上げの基礎になった。

イルカウォッチングを始めた中心人物は、先述の木口氏、通詞島で商店を経営していた入江氏、同じく、通詞島へ塩づくりのために移住してきた長岡氏、水産加工製品の製造と販売を行っていた野崎氏、漁協職員の木田氏の5人だった。この5人の中で、高知出身の長岡氏は、高知のホエールウォッチングをヒントにイルカウォッチングを提案したそうだが、その時は、立ち上げメンバーでさえもイルカウォッチングがこれだけ大きくなるとは予想しておらず、取りあえずやってみようという程度だったそうである。

地域資源の活用――イルカウォッチングの実施

上述した経緯によって、先に紹介した5名が発起人となり1993年に「明日の通詞島観光推進協議会　イルカウォッチング事務局」が発足して事業を開始した。事務局では、県の観光振興課から100万円の補助金を受けて乗客用のライフジャケットなどを購入し、地元漁師に観光客をイルカの生息地まで案内してもらうように依頼した。イルカウォッチングを始める前は、地元からは、「熊本や福岡からわざわざ金を出して見に来るような珍しいものではない」「漁業の邪魔だ」「やめておけ」などの意見も出たそうだが、開始前からその珍しさも伴い、メディアに頻繁に取り上げられ、蓋を開けてみれば開業半年で数千万円の売り上げを得るに至った。

木口は、イルカウォッチングを始めると同時に、それまでの電気店を閉じて民宿業へ転身した。民宿では、地元漁師が提供してくれる新鮮な魚を、さばき方を習いながら宿泊客に提供した。通詞島は、ウニが美味しいことで知られており、また、イセエビ、クルマエビ、アワビなども甘みがあって非常に美味しい。漁師が獲ってきたばかりの新鮮な地魚をリーズナブルな価格で食べることができ、更にイルカも見られるということで、民宿には開業前から取材が殺到し有名人も多数泊まりに来た。

島の海産資源の豊かさやおいしさについては、野崎氏も価値を見出していたひとりである。彼女は、学生時代から社会人時代を天草の外で生活していたため、天草の海産物の味がどれほど素晴らしいのかを身をもって感じていた。彼女は、「天草では毎晩の食事にお腹いっぱいのお刺身を食べるので、それが当たり前だと思っていた。でも、外に出てそうじゃないことを知って驚いた。」と語っており、その体験を元に、地元の海産物を観光客に提供できるシーフードバーベキューレストランの経営と地元漁船を利用したイルカウォッチングの組み合わせ事業に乗り出した。また、入江は、増え続ける観光客への対応として、自ら2隻のクルーザーを購入し、団体客を受け入れやすくするなど、発起人それぞれがイルカウォッチングを中心としながら独自の事業展開を模索していくようになっていった。

イルカへのケアの現れ

イルカウォッチングを始めた当初、事業実施者は、島にいるイルカがどのような種類なのかさえ知らなかったという。また、正確な頭数も知らなかった。そのくらい、イルカは彼らにとって当たり前にいる生きものであり、興味の対象では無かった。しかし、イルカウォッチング船に乗り、案内をしているうちに、だんだんとイルカに愛着が沸き、また、お客から様々な質問をされる事で少しずつ自らの島に住み着くイルカのことを理解するようになった。これは、ACでいうケアの中の「気づき」や「興味・関心」「理解」に該当する行為である。

イルカウォッチングの知名度が上がり、多くの観光客が訪れるようになると、船が過密になりすぎたり、観光客の要望に応えようと群の中に船を侵入させたり、個人の水上バイクや船で乗り入れて浅瀬に座礁してしまったりといった問題が起きるようになってきた。また、イルカウォッチングがイルカにストレスを与えているという記事が新聞に掲載されたこともあった。そこで、イルカウォッチング業者は、共通ルールとして以下のようなルールを自主的に作成した（図3）。

1　イルカに餌づけをしない
2　イルカの食餌、交尾、出産などを妨げない
3　イルカの群から200メートル以内の航行は減速する
4　イルカの群の方から船に接近する場合を除いて、30メートル以上の距離を保って操船する
5　イルカと併走するときは減速して操船する
6　イルカの群に突っ込まない、群を追いかけない
7　地元素潜り漁船には、200メートル以内に近づかない（素潜り漁船の左舷には絶対入らない）
8　一本釣り漁船とは一定の距離をとる

図3　イルカウォッチング船乗り場の立ててある自主ルールのかん板

なお、個人所有の船がこの海域に入ることについては排除

しないが、同様のルールを守ることを要望している。

大学研究機関によるイルカの生態調査も実施され、頭数調査や個体識別、イルカウォッチング船がイルカの行動に与える影響、網に混獲されたイルカの頭数などの調査が行なわれた（例えば、白木原ら　1998：568―571頁、松田ら　2011：8―14頁）。このようなモニタリング調査を行なっていたことで、天草で確認された2頭が石川県能登島のミナミハンドウイルカの群と合流して移り住んでいることも確認できた。この能登島も、イルカウォッチングやドルフィンスイミングが観光資源となっている地域である。その他、2016年7月には、大阪湾に天草で2011年に生まれた個体が確認されているなど、広域的な行動モニタリングができるようになった。

なお、イルカの頭数については、イルカウォッチングを始めた当初から20年以上、200〜300頭で推移しており、この海域から姿を消したことは2013年の1度しかないとのことである。この年は、漁師が「海が枯れた」と口々にいうほど海産物が採れなかった年であり、エサを追って別の場所に移動したと考えられている。

以上のように、イルカウォッチング業者による自主的なルール作りや、研究者による生態調査のデータに基づいたイルカ保全対策の提案など、様々なケア活動がこの地域では実施されている。

イルカウォッチングが作るACサイクル

以上が、通詞島を中心に行われたイルカウォッチングの経緯である。最後に、この一連の流れをACサイクルに当てはめて整理してみたい（図４）。イルカを島の地域資源として顕在化し、イルカウォッチングとしての活用を開始したのが、1993年のことだった。この時の資源の直接的利用者（コミュニティー）は、「明日の通詞島観光推進協議会　イルカウォッチング事務局」を立ち上げた5人である。注目すべき事に、このメンバーの中に、漁師はひとりもいない。島に住んでいても、海のことはほとんど知らない、観光についても経験が無い、何も知識と経験を持ち合わせていない素人集団だった。しかし彼らは、地元の漁師の知識と経験を頼り、共働でイルカウォッチングを進めていった。その意味では、初期のコミュニティーを協議会メンバーから漁師まで拡大してもよいだろう。

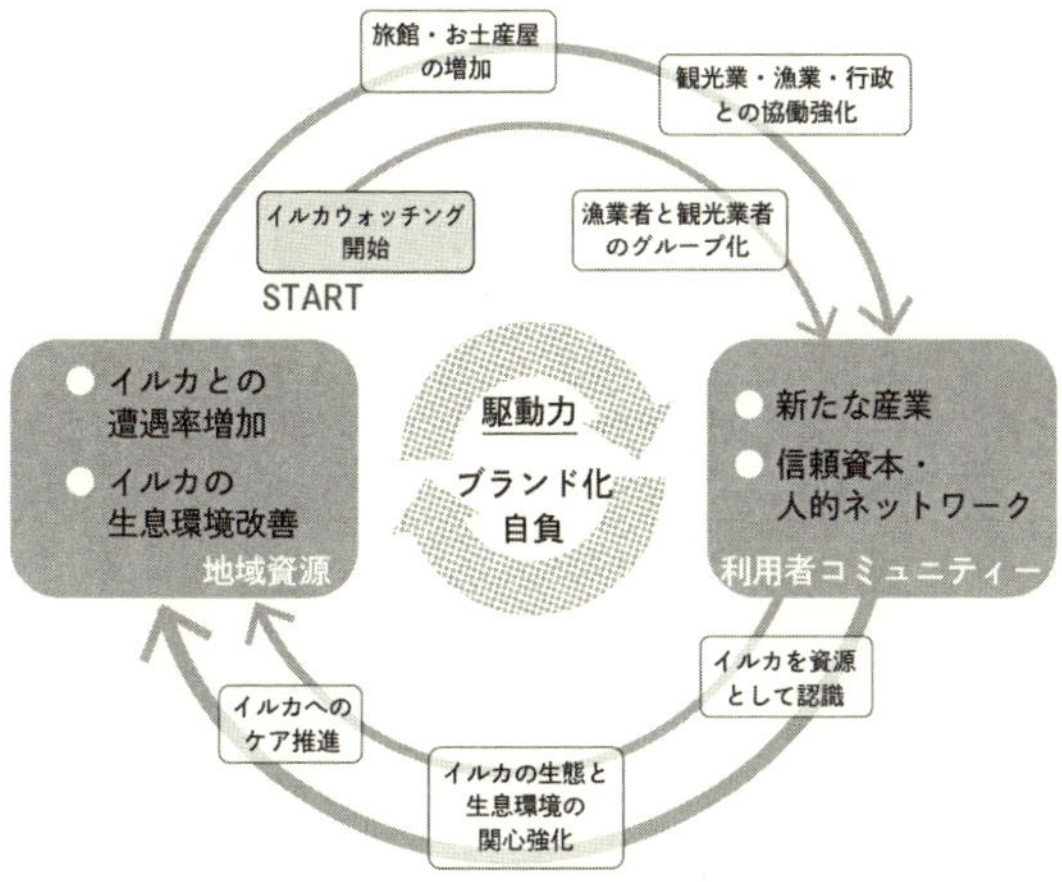

図4　イルカのACサイクル

このコミュニティーは、島に当たり前に住み着いている当たり前の生きものについて知る努力を始めた。これが、気づきや理解などを中心とする第1のケアである。そして、2サイクル目、つまり観光客の数が増え、各々のメンバーが独自の事業展開を進め、更に外部からもイルカウォッチングを専業とする業者が参入する中で、コミュニティーが拡大していった。また同時に、イルカとの共生のあり方について、自主ルールの策定などを行なった。これが、手当などの他者へ対する行動を伴う第2のケアである。

このようなACサイクルの形成に伴い、通詞島のイルカは天草を代表する、そして熊本を代表する地域資源へと発展した。イルカウォッチングが始まって間もない、今から20年ほど前まで、天草の住民は、熊本市内や県外へ行くときに天草出身だということをいうと田舎者扱いされるのが嫌で隠していたそうである。その状況が、イルカウォッチングの発展と共に確実に変化してきたことを地元の人たちは実感している。例えば、役場の観光課の職員達は、県外に対してイルカウォッチングについて自信を持ってアピールし、地元の住民も、天草を訪れる友人を連れて何度もイルカウォッチングに訪れる。イルカが地域資源として顕在化したことは、明らかに、資源の直接的利用者を育て、天草地域全体の潜在能力の強化に貢献した。

現在、通詞島のイルカウォッチングは、3サイクル目を描き始めようとしている。この次のサイクルに移行できるかは、今、イルカウォッチングが抱えているいくつかの課題をどのように克服するかにかかっているだろう。現在、イルカウォッチング業者の数は増え続けており、また、通詞島周辺だけではなく、対岸の宮崎方面からもイルカウォッチング船を出してくる業者も現れている。多くの業者が乱立すれば、過当競争やルールの不徹底、地元漁師との軋轢といった問題が起こる可能性は高まる。また、通詞島周辺でも、全国の沿岸域同様昔に比べて資源量が減少しており、イルカの生息数にも影響を与えかねないと懸念する声もある。このような中で、今後は、現在のイルカインフォメーションの場所に道の駅の機能を備えた施設の設置も検討されており、より利用者に分かりやすい形での窓口の一本化のあり方が模索されている。また、同時に、各業者が独自で新しいサービスを打ち出し、特色を出そうという動きもある。このような新しい動きが、今後どのような形へと展開するのかは、当事者でさえ分からないことはあるだろう。しかし、イルカがこの地域の資源として重要であるとの共通意識は非常に高い。新しい資源活用の方法と共に新たなケアのあり方も模索していけば、イルカを軸とするACサイクルは回り続けるだろう。

参考文献

天草市『天草市観光振興アクションプラン（平成27年度～平成30年度）』（2015年）
白木原美紀・白木原国雄「天草通詞島周辺海域におけるハンドウイルカの生態調査」（月刊『海洋』30、1998年）
田添圭一郎「私の経験から言えること～天草イルカウォッチングの開業の経験から～」（『熊日調査研究所

研究員report　vol. 006』　２００５年）

松田紀子「天草下島周辺海域に生息するミナミハンドウイルカの行動に及ぼすイルカウォッチング船の影響」
（『日本水産学会誌』77（1）、２０１１年）

第２部　ＡＣ的議論の意味

第1章　ACコンセプトを使った地域づくり

渡辺一生

本書の事例から見える地域資源とそれを利用する人々の関係

本書の第1部では、バタン湾（フィリピン）、浜名湖（静岡県）、ラヨーン（タイ）、厚岸（北海道）、サムットソンクラーン（タイ）、天草（熊本）の6つの地域における7つの資源について、事例を紹介した。これら事例では、地域の環境条件も違えば扱っている地域資源の種類も異なるが、そこにはある共通点を見出せる。この共通点を抽出し、どの地域にも汎用性のある基本概念の構築を目指したのが、「エリアケイパビリティー（Area-capability：AC）」である。

ここで、第1部で紹介した地域と地域資源、そしてその地域資源を扱っている主体（地域資源利用者集団）を整理してみたい（表1）。ACの視点で最も重要なのは、地域に眠っている潜在的

表1　本書で取りあげた地域、地域資源および地域資源利用者集団

地域	地域資源	地域資源利用者集団
バタン湾（フィリピン）	ブラックタイガー（ウシエビ）	エビ放流組織（非漁業者）
浜名湖	クルマエビ	クルマエビ漁師
	アサリ	アサリ漁師
ラヨーン（タイ）	定置網に入る魚全般	定置網漁師
厚岸（北海道）	ホッカイエビ	カゴ漁漁師
サムットソンクラーン（タイ）	マングローブ	マングローブエコツーリズム業者（地元漁師）
天草（熊本）	イルカ	イルカウォッチング業者（非漁業者）

資源をひとつひとつ具体化することである。例えば、表に挙げた事例地域では、バタン湾のブラックタイガーならエビ放流組織、浜名湖のクルマエビならクルマエビ漁師、アサリならアサリ漁師というように、各資源の利用者集団が明確になっており、加えて、放流や自主規制などのケア活動を実践する主体も、この利用者集団と一致している。ここでもし、地域、地域資源、資源利用者集団の関係性が明確でないのであれば、地域や資源利用者集団の設定（切り取り方）に誤りがあると判断し、切り取り方を再検討すべきである。なぜなら、「環境」や「自然」という漠然として摑みづらい対象では、その恩恵を受ける主体も不明瞭になってしまい、ケアをすべき明確な対象とその適切な方法を決定できないからである。

次に、地域資源がどのように発見されるのかについて、本書の事例から考察してみよう。清水は、本

書第2部第5章において、ACの考える地域資源について「いまだ存在しなかったもの／ところ、気づかずに無視されていたもの／ところ、あるいは過小評価されていたもの／ところに資源としての価値を見い出し、取り出して有効活用し、かつそれを持続的に利用するために、人間の側から積極的な「ケア」を行うものである」と述べている。つまり、AC的アプローチにおける地域資源の発見とは、その土地に当たり前に存在している〝もの〟に対して、地域の人々がその価値に気づきスポットライトを当て、共通の地域資源にまで育て上げるプロセスであるといえる。例えば、天草のイルカが地域資源としてスポットライトが当てられるためには、島を賑やかにしたいと考えた島の住民と県の職員および島への移住者らが出会い交流するというプロセスが、非常に重要であった。また、厚岸のホッカイエビや浜名湖のアサリの自主的な漁獲規制が制定されるには、資源が有限であるということと、対象資源が自らの生存に欠かせないものであるということに気づく必要があった。これは、地域の生態系と生業の崩壊はマングローブの大規模伐採によってもたらされたという事実を真摯に受け止め、その回復と新しい地域資源の活用方法の確立によって地域への愛着や誇りを取り戻した、タイのサムットソンクラーンの事例とも共通する。

このように、ACでは、ある特定の地域資源が、資源を利用することで収入が増えたり、人間関係が緊密になったりするような集団と強く結びつくことによって、結果的に地域の自然を劣化させることなく発展する社会や文化を育んでいくことが重要であると考えている。

AC的考え方を地域社会へ導入する

我々は、2012年から、フィリピンのバタン湾でブラックタイガーの放流事業を実施した。その詳細は、本書第1部第1章に記したとおりであるが、この放流事業がAC的考え方を地域社会へ導入した最初のプロトタイプである。この放流事業の仕掛け人は、第1部第1章の著者である黒倉と伏見のふたりであるが、伏見は、第1部第2章で述べているように、浜名湖において地元の漁師と共同し、クルマエビ放流事業を成功させた経験を持っている。バタン湾では、この経験を活かし、地元のボランティアと共働でブラックタイガーの放流を試行錯誤しながら2016年現在も続けている。この放流事業において、ACが重要視するのは、単にエビの生育数や漁獲量を増やすことではない。本書に黒倉が書いているように、「放流が漁業者を含む地域の人々の意識をどのように変えるのかを明らかにすること」であり、「放流効果が上がり、そのことを人々が認知」することである。つまり、地域の人々がブラックタイガーが捕れるようになったことに気づき、その理由を知りたいと思い、自発的に資源の利用者集団が形成され、適切なケア活動が実施されるような素地を作ることが重要なのである。

バタン湾での放流事業は、大型台風の襲来によって中間育成場が破壊されたり、放流間近のエビが盗難に遭ったりと様々な苦労があったものの、2015年になってようやく軌道に乗り始めた。放流後のエビは、予想を上回る速度で成長し、流通業者に出回るエビの量も目に見えて増えた。漁業者へのアンケートでも、放流の認知度が向上し、エビの漁獲量が増加している実感を得ていることが示された。今後も、しばらくこの事業を続けていくことで、資源利用者集団の規模が拡大し、彼ら独自のケア活動が展開されていくことを切に願う。

このようなACの考え方をベースにした地域開発については、我が国における地方創生事業や、ODAなどによる途上国への開発援助などへの実装が期待される。2015年9月に開催された「国連持続可能な開発サミット」では、「持続可能な開発目標（Sustainable Development Goals：SDGs）」が宣言された。これは、2000年から2015年までの開発目標であった「ミレニアム開発目標（Millennium Development Goals：MDGs）」の後継プログラムであり、8つのゴールを設定し各ゴールに最適な解決方法を探るという従来の方法を改め、新たに設定した17のゴールを統合的に解決するアプローチを用いることで持続可能な社会の構築を目指している（外務省 2015）。このSDGsの新たなアプローチ手法は、まさにACが実践しているものであり、ACの考え方を組み込んだ地域開発プログラムの作成が求められている。

資源利用者と外部者が結びつく新たなコミュニティーの形成を目指して

最後に、地域資源利用者集団とその外部にいる関係者との関係について述べたい。外部の関係者とは、例えば、エビやアサリを買いに来る仲買人やレストラン経営者であったり、マングロー

図1　ひとつの地域に存在するさまざまなACサイクル

ブエコツアーやイルカウォッチングに来る観光客、環境調査や社会調査を実施する研究者、許認可を与えたり補助金などをサポートする行政、地域の開発や自然環境保護の活動を行なっているNGOなどが挙げられる。彼らは、地域資源を直接的に利用している漁師やエコツーリズム業者などが提供するサービスを介して地域資源に接しているわけだが、彼らの存在なくして地域資源利用者集団は継続して存在することはできない。なぜなら、本書の事例からも分かるとおり、資源利用者集団に属する人々は、地域資源を発見し、利用を拡大させ、経済的豊かさを実感できるようになって初めて、地域資源がもたらす恩恵を理解しケアを実践するからである。そして、この経済的豊かさを実感できるためには、外部の消費者やサポーターが必要不可欠であり、また、ケアが適切に実行されるためには、研究者の科学的評価や行政による適切な支援も欠かせない。したがって、ACにおけるコミュニティーとは、単に行政的な範囲や地縁血縁で結びついた集団ではなく、地域資源利用者集団とこれを介してつながっている様々な組織や個人の集合体でなければならない。

加えて、ACでは、図1に示すように、ひとつの地域に複数の地域資源があり、その各々に適切な利用とケアを行なう地域資源利用者集団が存在することが重要であると考えている（詳細は、姉妹編第1部2章参照のこと）。その理由は、ひとつには単一の資源が何らかの理由により消滅してしまったときのリスク回避であり、もうひとつには各々の地域資源利用者集団の構成員の一部が重複することによって、集団同士の交流や情報交換が活発になり、ひいては地域の人々の連携が強化されるからである。これは、例えば、浜名湖ではクルマエビ漁を行なう漁師とアサリ漁を行なう漁師は一部で重複が見られ、それぞれのケアの取り組みが相互に関連しながら進んでいったことからも理解できる。また、天草では、イルカウォッチングの場所は、素潜り漁師の漁場と重なっているが、その素潜り漁師がイルカウォッチング船の船頭を兼任する、つまり2種類の地域資源の利用者集団に属することになれば、イルカウォッチングと素潜り漁の両立のあり方について主体性を持って考えることができるようになる。

このように、ACでは、「地域資源」と「資源利用者集団」は不可分の関係にある。本書のタイトルである『地域が生まれる、資源が育てる』には、地域資源の発見から利用、ケアの一連のプロセス（サイクル）を経ることによって、実は新しい地域とコミュニティーが生まれ育っていくのであるという考え方が込められている。この発想こそがまさに、AC的地域づくりの原点である。

参考文献

外務省『我々の世界を変革する――持続可能な開発のための2030アジェンダ』（仮約版、2015年）

第2章　開発目標としてのAC

黒倉　壽

我が国の開発援助の特徴のひとつは要請主義である。援助は、相手国の要請に対して純粋に答えるものであり、特定の価値観・思想を押し付けるものではないという原則からそのようになっている。1954年コロンボ計画に加盟して以来、我が国の開発援助は一貫してこの原則を掲げている。我が国の開発援助が日本的な価値観、例えば、大東亜共栄圏[1]のような政治思想の拡散につながるのではないかという戦勝国の猜疑心に対する対応として、当時は、この原則を強く唱える必要があったのだろう。この原則には無理がある。物やサービスのシステムは、単にそこに物理的に存在しているだけではない。それを作った人の思いや価値観が反映されており、現にそれを使う人たちにその価値観は伝わり、使われることによって、物やシステムに新たな価値観が付与される。価値観や思想から自由な開発援助はあり得ない。現に、アメリカの開発協力には、自由と民主主義という明瞭な価値観がある。もっと踏み込めば、アメリカ型の資本主義経済というのもあるかもしれない。

小はモーターボートの援助から、大は都市づくりまで、実際に開発計画を書いてみればすぐわかるが、何らかの価値観、理想にしたがって目標を掲げ、その目標達成のために、予算と時間の範囲で合理的な計画を立てる。目標がなければ計画を立てられない。その計画に沿ってプロジェクトを実施し、事後に目標の達成度を評価する。プロジェクトとの評価では、計画、実施、プロジェクト終了の流れの中で、一貫して目標が貫かれているプロジェクトが高く評価される。価値観や思想を伴う目標を抜きとってしまうと、数量的達成率、援助した物・施設・システムの利用度、経済波及効果などだけがプロジェクト評価の項目になる。実際、我が国の開発プロジェクトの評価のほとんどは、こうした項目でしか評価していない。そのような評価基準に基づいて行われる開発プロジェクトは、意味もなくやたらに巨大な中国の箱もの援助と大して変わらない。必要かつ困難なことは、問題を抱えた人々の根底にある地域集団の意識や社会システムの改善である。現在の開発プロジェクトの事後評価システムでは、根底にある問題が改善されたとしても、それが評価されることはないので、社会システムの改善などのプロジェクトは敬遠されることになる。要請主義は仕方がないにしても、価値観や思想をプロジェクトの目標から抜き去ってしまうことは、体に悪いものがあるかもしれないという理由で、サンマの塩焼きをさらに蒸して、油やうまみ成分を抜いてお殿様に食べさせた、「目黒のサンマ」の家来を笑えない。かといって、今の時代に、特定のイデオロギーや「思想」を開発計画にまぶしてみても、そんなものを単純に信じる人はまずいないだろう。実際、そんなものを高々と掲げて、異なる文化や歴史を持つ地域に無遠慮に入り込まれても迷惑だろうし、客観的には漫画的で滑稽だ。

私は、エリアケイパビリティー（Area-capability：AC）を開発の上位目標に置くことを提案する。ACが、理念なのか、思想なのか、技術なのか、文化なのか、その評価法をどのようにするのかなどという議論は、一旦、ここで棚上げする。ACは今のところ、それがなんであるのか明確にわかっているわけではない。それについては、ACの理論を開設した別の本に任せる。(2) 本書の趣旨は実践を通して、ACをどのようにとらえたのかを記録することにある。ここでは、本書の第1部第1章で紹介した、フィリピンのバタン湾のブラックタイガーの放流事業に携わった者として、開発援助の視点から見たACについて、私的な経験と思考の過程を紹介する。

開発プロジェクトにおける外部者あるいは研究者

ブラックタイガーの放流を行ったフィリピン・バタン湾で、環境破壊と過剰漁獲によって、資源量が減少していること、そうした背景からバタン湾の中の小さな島であるピナモカンに貧困な漁業者がいるということは、時間をかけて様々なデータを集めれば外部者にもわかる。この問題を解消するために、ブラックタイガーの放流を住民参加で行い、資源量を回復させるとともに、地域住民による資源管理・環境管理の能力の向上をめざすという目標を掲げることも難しいことではない。しかし、どのようにそれを行うのか、誰に声をかけるのかは、問題の背景、地域の利害構造、歴史を知らなければわからない。問題解決を困難にしている根本的な要因が何かは、地域の人々の人間関係や思考パターンを知らなければわからない。こういうことを理解するにはとても時間がかかる。現地の人同士が直接、具体的な問題を議論している場面に立ち会うことができれば、利害問率の構造や問題の背景が比較的短時間で分かるだろう。しかし、私にはそれができない。現地語（アクラン語）が全く理解できないからである。開発担当者は民俗学の専門家ではない。他の開発案件でも、地域に入り込んで調査する十分な時間もなければ、現地語もわからないというケースがほとんどだろう。こういう場合、地元の人々との付き合いの長い現地の研究者との協力関係が必要になる。

そこには国際共同研究につきものの困難もある。自然科学分野の研究者が考えることには違いがあまりないのだが、現実の社会と直接に接する社会科学者には国や地域による違いがある。それは学問的な違いというよりは立場の違いである。我が国とアメリカの研究者の間にもそのような違いはある。我が国の研究者、特に、計量経済の分野の研究者は、純粋に分析者の立場に立とうとする傾向が強いように思うが、アメリカの経済学者は実社会に対して発言し、積極的に社会で何かを実現しようとする。途上国の社会科学者は、研究者というよりは啓蒙家的な要素が強い。社会的な要求によるのだろう。我が国にも、そのような文化がかつてあった。学者であり、思想家であり、実践家であり、政治家でもあるという人は明治時代にはかなり多くいて、その多くが偉人ということになっている。「文化人」とはそういう人をいうのだろう。しかし、教養は必要だが教養主義だけで実際に何かができるわけではない。明治時代においてさえ、職人や農民その他の実践家の能力と努力がなければ理想は実現しなかった。技術やシステムが複雑化・高度化してくると、啓蒙だけで問題は解決しなくなる。高度の専門性を持った「実践家」の貢献・評価が大きくなる。時代とともに求められるものは変わっていく。プロジェクトに参加したフィリピンの社会科学者たちは、フィリピンにとって必要な人たちなのである。

啓蒙家も研究者も「勉強して物をよく知っている人」という意味で、同じような仕事だと、一般に、思われているようだ。確かに、生態学や環境学などの分野には、研究者で同時に啓蒙家というようなタイプの人がいる。しかし、それが良いとか、悪いとかいうことではないが、啓蒙と研究は逆方向のベクトルを持っている。しっかりと教育された研究者であれば、自分の議論の土台となっている定説が、有効な反証を未だに受けていないにすぎないと知っている。自説に対する合理的な反論に納得すれば、それまでの経緯にかかわりなく自説を撤回する。現に私は、自説の根拠を論理的に否定されそれを納得した瞬間に、淡々と自説を撤回した研究者を何人か知っている。そして、心から彼らを尊敬している。研究者は間違えることを許されている。理念的ではなくて経験主義的で、事実に対して誠実で柔軟な姿勢をもっていることが研究者には必要だ。だが、別の見方をすれば、研究者とはいい加減な人たちである。啓蒙家の多くは、そういう研究者を節操がないと非難するだろう。研究者にいわせれば、啓蒙家の多くは不誠実なうそつきである。都合が悪い事実には目をつぶり自説を守ろうとする。これはひとつの信念であり節操でもある。私にしても、そうした信念のない啓蒙家に啓蒙してもらいたくはない。誠意をもって人々と接すれば、啓蒙家は地域に受け入れられる。受け入れられなければならない。一方、分析者としての研究者を地域が受け入れることは難しい。自分たちを冷たく客観的に観察している不気味な存在である分析者を快く思わないのは自然な感情だからである。ブラックタイガー放流試験の場合、その母体となるピナモカンの漁業者組合（PSFA）の結成そのものが現地研究者の成果である。ピナモカンの人々は彼らを啓蒙家として受け入れたのであって、分析者として受け入れたのではない。啓蒙家として受け入れられるにはまず現地の人との人間関係を構築しなければならない。おそらくそれには大変な努力が必要であっただろう。プロジェクトとしては彼らの貢献に感謝しなければならない。

しかし、これは困ったことでもある。プロジェクトが掲げた研究テーマは、参加型の放流事業が人々をどのように変えるかを知ることである。啓蒙によって人々が変わっては研究の意味がない。さらに私は、この種の啓蒙に対する疑問を持っている。フィリピンには多くの環境NGOがあり、環境保全に成功しているNGOも少なくない。多くは欧米の環境団体の支援を受けている。必ずしも反漁業的な団体ではなく、漁業と融和しながら、希少生物の保護などに成功している。その成果を批判的にとらえるつもりはないが、その持続性については疑問を持っている。欧米の環境団体が保護すべき価値ありとするものの価値を、啓蒙によって、現地の人々に刷り込んだ結果、活動が成り立っているのである。刷り込まれた価値は、現地の人々の生活・歴史・文化が創り出した価値ではない。大東亜共栄圏の押し付けと違いはない。支援している欧米の環境保護団体が手を引けば、たちまち瓦解するだろうと思う。決して持続的ではない。だとすれば、開発の上位目標として何を掲げるべきだろうか。

ブラックタイガー放流試験の成果と最後のワークショップ

２０１５年の放流では、50万尾のエビを50％の生残率で中間育成して放流することができた。２０１５年11月の調査では、現地の漁業者が漁獲量の上昇を認識していることを知った。また、２０１６年8月には、現地のエビの集荷業者の記録から、放流エビの漁獲量が、おそらく１トン以上であることを知った。実験的なレベルでは、ブラックタイガーの放流は十分な経済効果を持つことが実証できた。しかし、これはプロジェクトが求めた成果ではない。

ケイパビリティーは個人に与えられた機会、能力、認識等であるから、アンケート調査などで、定期的に人々のケイパビリティーの変化を追跡できる。地域つまり特定の環境下に存在し、特定の資源を利用している人々が集団として持っている能力やシステムがＡＣである。そこには、自然と人々との関係、集団内のサブ集団同士の関係、集団とその外側の集団との関係がある。そうした、関係の作り方こそがＡＣの本質だとすれば、個人のアンケートでは、その動的な関係を把握できない。私は、地域集団内の議論や、地域外の集団との交渉に着目した。対象地域のピナモカン（Pinamuk-an）には、放流プロジェクトの開始に先立って、ピナモカン小規模漁業者組合（Pinamuk-an Small scale Fisher folks Association：PSFA）が結成された。この組合内での議論の変化を記録すれば、放流事業に積極的参加したり、サポートしたりする人々の意識が何によって支えられているのか、人々の考え方と関係性が、プロジェクトの進行とともにどのように変わっていくのかがわかる。その変化の追跡から、ACインデクスをどんな要素で構成すればよいのかヒントが得られると考えていた。しかし、それは全くできていなかった。その原因は、フィリピン側の研究者とわたくしの目的の違いである。

２０１６年10月４日に現地で最後のワークショップをおこなった。これが、現地の議論を記録する最後の機会であった。前日に現地研究者と打ち合わせをおこない、プログラムを最終的に確定した。まず、プロジェクトの成果報告をした後に、参加者を、漁業者・水産物の集荷業者、ニューワシントン市をはじめとする政府関係者とNGO、我々を含む研究者に分けて、それぞれのグループにモデレータをつける。その成果についての評価をグループごとに行い、その結果をグループ別に報告する。午後、将来に向けて何をすべきかをグループごとに論じてその結果をグループごとに報告し、それに対して我々から何かをコメントするという内容になった。こういう手法は開発プロジェクトではよく使われる。JICAでは、プロジェクトサイクルマネージメント（PCM）(3)というのが使われて、その研修も行われている。こういう手法は、問題構造を参加者が共通に認識し、知識や考え方を共有したうえで、意見を集約できるという長所を持っている。しかし、実際には、このプログラムを進行するモデレータによって、議論の方向をコントロールできる。いわば高度な啓蒙でもある。

当日、例によって開会は遅れる。多くの人が挨拶をして、その挨拶が長い。プロジェクトの経緯と成果の説明はポイントを押さえてよくまとまっていたが、ところどころで長い解説を入れる人が出てくるので時間がかかる。グループディスカッションは午後に移され、成果の評価と今後の活動を連続してやることになった。まず初めに、放流事業の評価を何によってすべきかがグループ討議し評価項目を決め、ひとりひとりが評価点を提出し、グループごとの平均評価点を計算した。次に、その評価項目について、将来に向けて何をすべきかを論じ、その優先度を個人ごとに評価し、やはりグループごとに平均値を求めた。内容はこれだけだが時間がかかる。結果には興味は持っていなかったが、面白い発見があった。漁業者は、ブラックタイガーの漁獲量を重要な評価項目としたが、その平均評価点は5点満点で4・9であった。ほぼ全員が漁獲量が向上し、収益も上がったと認識しているのである。中間育成のボランティア活動に参加したことのある漁業者が多かったから、身びいきもあるが、それを差し引いても高い評価である。一方、政府関係者・NGOグループによる評価は3程度であり、両者の現状認識に大きな差があった。将来の行動の優先順位としては、漁業者は漁業者の結束（solidarity）を高く評価した。また、両者ともに、漁業者のガバナンス・コンプライアンスの必要性も中程度に評価した。両者の意見交換のなかで、ガバナンス・コンプライアンスの内容に微妙な違いが見えた。行政関係者は税金の徴収(taxation)を主張した。これは若干説明が必要である。途上国で貧困層から税金を集めるのは至難の業である。これは我が国でいうところの税の徴収の話ではない。漁業者登録をして登録料を払えということである。これに対して、漁業者は、行政が積極的に活動を支援するように要求していた。ガバナンスについても、ピナモカンの漁業者が主張しているのは、自分たちに対する管理規制ではない。他の地域の漁業者がピナモカン周辺にきて違法漁業を行うことを規制しろといっているのである。PSFAの理事長は、ワークショップ終了後に、しばらく会場に残って、ピナモカンの周辺に排他的な漁業水域を設定するように主張していた。彼は、中間育成のボランティア活動にも参加している。地域的な結束の必要性に対する強い主張と合わせてみると、彼はピナモカンの自立性と権利を主張しているように思う。おそらく、放流事業はその主張の根拠になりうると思っているのだろう。時間があれば、この議論は白熱したのかもしれない。その中で、彼がボランティアとして中間育成に参加する動機もより鮮明に見えたかもしれないが、残念ながら時間が無くなり、議論は終わらざるを得なかった。

開発における技術者の立場——個人的な思いもふくめて

私は2015年の3月に大学を退職した。この時点で、プロジェクト研究期間はあと1年残っていた。そもそも、私は、種苗放流がACを向上させる効果を持つということを研究者として実証したかったのである。社会事業としてやっているのではない。研究費を社会事業に使うのは研究費の目的外使用である。これを逸脱すれば研究者ではない。この立場は譲れない。しかし、職業としての研究者生活を終わるにあたり、結局、自分は、研究者もふくめて現地の人々を自説の証明のために利用しただけに過ぎないのではないかという自問も生まれた。放流量を拡大すれば、現地に大きな収益をもたらすことは分かった。この成果を何とか社会実装にまでつなげたいという思いを持つのは自然だろう。それを彼ら自身の手で実現するところまでもっていきたい。だがそれは、研究者の仕事ではない。研究の片手間にできることでもない。そうした制約を超えて、何とか彼ら自身で放流計画を立て放流を実施し、その資源を有効に活用して、資源の管理に結び付けるところまで持っていけないか。おそらく、次の5年間を誰かが支えればそこまで行けるだろう。誰かに話をつなげるところまでは研究者としてやってよいだろうし、やるべきではないかとも思った。幸いにも私には、コンサルタントとして働いていた経験があるので、研究者と技術者の仕事ならば明確に切り分けて行うことができる。これは、啓蒙家と研究者の切り分けよりははるかに容易である。研究者としては、唯一絶対の最善解を求める、それに要する時間と予算の制約は考えない。技術者は、依頼者のために仕事をするのであり、依頼者が望み現実に受け入れ可能な妥当解を、予算と時間とその社会の制約の中で探す。これが技術者の仕事であり研究者との違いである。この場合、依頼者は現地の漁業者と考えればよいだろう。依頼内容は、彼ら自身による放流事業の継続のための戦略策定である。

現地ワークショップの最後に、コメントを求められた。分配の不公正について、多くの場合、それだけを取り上げて解決しようとしても解決しない。全体の収益をあげて、いわばパイを大きくしてから分配を論じるべきだという、古典的な厚生経済学の理論に近い考え方を紹介し、これが、エビ放流を支えている基本的な理念であり、初めに規制強化を論ずるべきではないと述べた。実際、違法漁業とされる漁法を行っているのは、貧困な漁業者の中でもとりわけて零細で貧困な漁業者である。そこに矛先を向けても規制の効果は上がらない。次に、放流事業の限界とパイの大きさを制約する要素について述べた。ひとつは環境収容力である(4)。バタン湾の環境収容力の限界を超えて放流しても効果は上がらない。しかし、マングローブ林を伐採し養殖池を作ったことが浅瀬の生育場の消失につながったとすれば、養殖産業が廃れ、養殖池が放棄されている現状では、廃止養殖池をマングローブ林に再生すれば、環境収容力は上がるだろうと話した。ふたつ目はマーケットである。生産性が上がってエビがたくさん獲れても、マーケットサイズが小さければ、すぐに市場にエビがあふれて価格が低下する。放流による漁獲回復はマーケット戦略の展開と並行して行わなくてはならない。集荷・流通業者と漁業者の連携が必要である。地元のアクラン州立大学の水産加工の学科に協力を求めてもよいだろう。3つ目は人である。必ずしも、全員が中間育成のボランティア活動に参加する必要はない。しかし、より多くの人の理解と支援を受けていなければ活動が継続できない。常に、新たな人材の確保は必要であり、外部の協力者も必要である。4つ目は資金である。最終的には自己資金で行わなければ継続できない。今後、5年程度は外部資金を得ることができるかもしれない。しかし、その後は自分たちで資金調達しなくてはならない。漁獲による収益が向上すれば、その収益を次の種苗放流の資金として事業を継続していくメカニズムを自ら作っていかなければならない。こうした説明の後に、今後5年間の外部資金の獲得に私は努力するが、その5年の間に自律的なメカニズムの構築を考えてもらいたいと述べた。

これは、技術者としての限界である。私は開発コンサルタントは、開発の上位目標について語るべきではないと教育された。上位目標は依頼者自身が持つべきものであり、その内容は、依頼を直接受けた者が確認しておくべきものである。それを実現する手立てを考えることが技術者の仕事であり、それを請け負った技術者が、勝手に上位目標を変更することは許されない。これは、技術者自身を守ることにもなる。上位目標の妥当性についての責任まで技術者が負わなければならないとすれば、職業としての技術者は成り立たない。

最後の総括——開発におけるACとは何か

翌日、現地研究者とワークショップの総括を行った。まず、現在までの成果に対する評価点と今後の活動の優先度の評価点の各グループの平均を求めた。フィリピン側の研究者が注目したのは、成果の評価と将来の優先度の関係である。確かに、成果の評価点が低く、将来の優先度も低い評価項目の向上に資源や努力を集中しても意味がないし、評価が高く優先度が低ければ、目標が達成されたと考えられる。こうした結果を現場にフィードバックして、関係者の納得の上で、プロジェクトを進めていくことは重要なことである。私が注目したのは、グループ間で評価が異なる項目である。エビの漁獲が増えたことは漁業者間ではほぼ共通認識である。ところが、そうした情報はニューワシントンの行政関係者には伝わっていない。その状態で、放流事業への支援をもとめることには無理がある。まず、自らの努力によって放流効果が上がっていることを行政に理解させることが必要である。ただ資金援助を求めるだけでは、行政も資金が出せないだろう。課税と行政の支援のすれちがった議論にも注目すべきである。漁業者だけに特別な援助を行う理由は行政にはない。私的な仕事である漁業の実施に、理由もなく行政が資金を提供するはずもない。資源を回復させたという実績を示したうえで、ピナモカン周辺の漁業を管理する組織としてPSFAを認知し、その区域の排他的漁業権を設定してもらうことを要求すれば説得力がある。PSFAへの登録を漁業者登録として、登録料を徴収し、その一部を税のような形で行政に収め、その見返りとして、中間育成池の建設維持費を支援してもらうという一種の取引も成り立つ。さらに、現在の漁業資源の低下は、不適切な沿岸環境の管理（マングローブ林のエビ養殖池としての利用）が招いたのだから、その保障として、代替的な生育場が必要であるとして、その整備費として、中間育成池の建設費と管理費を行政が負担すべきだという論理は、漁業者以外の人にも納得できそうな論理である。行政が資金を出せば当然、行政の漁業と放流事業に対する関心は高まる。そして相互理解が生まれていくだろう。漁業者側もそうしたメカニズムを通じて、行政の問題意識を正確に把握し、漁業者側のニーズを伝えることが可能になるだろう。

PSFA内の結束は重要である。しかし、それは構成員全員が同じ意見を持つということではない。他者理解のためには、自らの内側にも多様な意見があったほうが良い。PSFA内部にも利害の異なるサブ集団がある。個人の意見が多様であっても、サブ集団間の意見あるいは現状認識の差が小さいほうが、集団としての合意は作りやすい。問題になるのは、サブ集団内で意見にばらつきが少なく固定的なものの見方に収斂していて、サブ集団間で意見の違いが大きい場合である。こうした場合、集団としてまとまった方向で動くことができない。漁業者集団とその外側のグループの関係についても同じことがいえる。たとえば、マーケットの開発や品質向上についても、外部から新たな知識・技術を導入する必要がある。生育場の拡張や、環境NGO（世界的には放流事業に反対する環境団体は少なくない）との関係構築、資金の獲得のためには、多様な考え方を認めて他者を理解し、したたかに交渉する能力が必要である。

残された課題

個人的な思いを満足させるとすれば、技術者の立場に立って、現地の人々に寄り添う形でプロジェクトを遂行することが考えられる。これによって、啓蒙家が陥りがちな、地に足がつかない陳腐な思想やイデオロギーを伴う上位目標の設定を避けることができる。しかし、それでは何のために開発協力をするのかがわからなくなってしまう。冒頭述べたように、私は、上位目標を掲げることは必要であり、その上位目標の達成度によってプロジェクトを評価すべきだと思っている。そこで、開発上位目標としてのACを提唱する。

ACとは、不寛容で理解不能な他者を受け止める能力である。他者は、自らの意志では完全に制御できないものであり、集団内にも集団外にも他者がいる。自然や資源も他者に含まれる。これらはすべて不確実性をもって変動するのだが、その変動の幅を知り、変動の実態を的確に把握して、試行錯誤もふくめて柔軟かつしたたかに他者との関係を作り、地域集団内でそれらの成果を共有していく能力がACである。その涵養は、思想やイデオロギーの押し付けではない。こういう考え方を一神教的な欧米人はあまりしない。私はアジア的・日本的な考えかただと思っている。こうした日本的・アジア的な思考で裏打ちされたときに、わが国の国際協力は真に国際的なると思っている。

すでに述べたように、個々のプロジェクトの実施者である技術者は、上位目標を理解することを求められても、それについて意見を言うことはできない。研究者・教育者としての私は、学生にACという考え方を教えることはできるが実際のプロジェクトにはかかわっていない。上位目標として実際にACを掲げることができるのは、JICAあるいは外務省の人々である。

私は、啓蒙の場としてワークショップを位置づけるフィリピン側の研究者に対して、妥協案として、次のような提案を行った。ワークショップの参加者をサブグループに分け、対象とするプロジェクトの現状の評価、将来の重点項目について、いくつかの評価項目を決め、5点満点法で評価し、それぞれについて全体の分散を求める。次にクループ間の分散を計算し、グループ間分散と残渣分散の分散比を求める。この分散比を記録し、グループ間分散が大きくなる原因、意見立場に違いについて、集中的に議論する。これは他者理解能力の強化につながるだろう。確かに、参加型の放流事業は、自然や資源の管理者としての意識を涵養する。その記録を丁寧に残すことが、上位目標としてのACの達成度の証明となるだろう。

注

（1）Great East Asia Co-Prosperity Sphere. 欧米諸国の植民地支配から東アジア・東南アジアを開放し、東アジア・東南アジアに共存共栄の国際秩序を建設するという、第二次世界大戦における日本の構想。

（2）『地域と対話するサイエンス――エリアケイパビリティー論』（勉誠出版、2017年）

（3）1994年以降、JICAが事業管理のために活用している手法。プロジェクトデザインマトリックス（PDM）と呼ばれるプロジェクト概要法を用いて運営管理する。PDMでは、1枚のフレームの中に、目標、成果、活動、投入等のプロジェクトの構成要素と各要素間の論理的相関関係が原因・結果の連鎖として組み立てられる。PDMによって全プロジェクトを管理する一貫性、因果関係の分析による論理性がPDMの特徴とされるが、本質的な特徴は、利害関係者の参加によってPDMを作ることであり、プロジェクトが利害関係者の納得によって支えられるという効果がある。

（4）　ある環境下において、そこに収容できる生物の最大量。ある生物群集の密度（個体群密度）が最大に達したときの数を環境収容力の具体的な値とすることもある。

第3章　環境のケアと人のケア

西　真如

私たちは、いつも何かに気づかいながら生きている。その中には、私たちが生活する環境への気づかいもあれば、私たちの周囲にいる人たちへの気づかいもある。環境への気づかいと人への気づかい。その両方がうまくかみ合って、はじめて私たちの生活は続いてゆく。このように考えたとき、エリアケイパビリティー（Area-capability：AC）サイクルというアイデアには、とても興味深い点がふたつある。ひとつめは、環境のケアということばの定義にかかわることだ。「持続的な環境のために私たちがしなければならないこと」を考えるときには、ふつう「環境保全」ということばを使う。ところがACサイクルでは、それをあえて「環境のケア」と言い換えている。環境のケアは、環境保全と同じことを言っているのか。それとも別の新しいアイデアがそこにあるのか。ふたつめには、ACサイクルには環境のケアと人のケアが両方入っているように思われることだ。これまでは、環境保全のことは環境の専門家が考え、人のケアのことは人の（つまり教育や福祉といった分野の）専門家が考えるというふうに、専門家の間で分業がおこなわれてきた。ＡＣサイクルは、それを文字通りひとつのサイクルの中で同時に考えようというのだ。

保全する人と気づかう人

まずひとつめの点について考えてみよう。結論からいえば、環境を気づかうという考え方は、環境保全とは根本的に違う。ここに「環境を保全する人」と「環境を気づかう人」がいたとしよう。このふたりはそれぞれ、全く違う見方で世界を見ることになる。

まず保全する人の視点は、ひとことでいえば「管理する」専門家の視点である。海や湖、河川などの資源を保全するためにはふつう、魚種ごとの生態を調べ上げて、適切な資源量を決定し、その量が維持されるように適切な手段を講じる（つまり管理する）という手順が必要になる。これはたいへん理にかなったやり方だが、問題もある。第一に水産資源の変動は、人間の活動によって直接に引き起こされる以外にも、さまざまな要因が複雑に絡み合っている。海や湖にいる魚の数がどうして減ったり増えたりするのかは、じつは完全にはわかっていない。どうすれば適切な資源量を保てるのか、そもそも適切な資源量はどれくらいなのか、確信をもって決められるだけの知識を、じつは私たちは持っていない。それどころか、資源について知れば知るほど、複雑に絡み合った問題が明らかになり、何をすれば適切に管理したことになるのか、余計にわからなくなってしまうこともある。

これに対して気づかう人の視点は、ひとことでいえば資源に「関わる」生活者の視点である。海や湖の資源と関わりながら暮らしている漁師の視点を例にとってみよう。沖縄県糸満のひとびとと水産資源との関わりについて、詳細な聞き取りにもとづく民族誌を著した三田牧は、底延縄漁をおこなう漁師が、GPSや魚群探知機といった科学技術を導入しながら、自らの水域との関わりの経験にもとづいて海を読み、市場価値の高い魚種にねらいを定めて漁をおこなってきたことを書きとめている。またアンブシ（建干網漁）をおこなう別の漁師が、埋立事業によって変化する水域の環境を、自らの漁の知識や技術を通して把握し、生活を支えてくれる漁場として読み取ってきたことを記している（三田　2015）。三田が糸満における「海の記憶」と呼ぶものは、資源から切り離された場所から資源を俯瞰し、偏りのない判断をしようとする管理の視点とは、全く異なるやり方で世界を見ることをとおして得られた知識や技術、関係性が集積したものであるように思われる。

三田の民族誌に登場する漁師は、みずからの漁と生活に関わるすべてのこと、つまりめまぐるしく変化する潮の流れや天候、魚種ごとの群れの動き、同じ魚種を相手にしている他の漁師たちの動き、魚種ごとに変動する市場価格といったことに気づかいながら漁をおこなっている。これは考えてみれば不思議なことだ。環境保全の専門家が、「適切な資源量」という問題ひとつを解決するためにたいへんな苦労をしているのに、漁師は気候から魚の値段まであらゆる問題に気づかいながら、実際に漁をおこなって暮らしている。

そんなことができるのは、漁師が漁に出ることによって世界と関わっているからだ。つまりここに、管理する人と気づかう人の世界の見方の違いがある。管理する人は、世界を客観的に理解し、最適な行動を見極めてから動き出そうとする。だが、何が最適な行動なのかを見極めるのはとても難しい。その中で「管理」だけがひとり歩きすると、いちばん良い漁師は魚を取らない漁師だ、というような転倒した議論にもつながりかねない。これに対して気づかう人は、世界に関わることを通して世界を理解しようとする。漁に出る。魚を追う。獲った魚を陸に持ち帰り、家族の食卓に供したり、市場で売って生計を立てる。漁師はその繰り返しのなかで、適切な行動を選び取る知識と経験を獲得してゆく。環境へのかかわりを通して、資源との適切な関わりを見出してゆこうというのが、環境のケアという発想なのである。

環境のケアと人のケア

環境を保全する人の視点と環境に気づかう人の視点との間には、もうひとつ重要な違いがある。ひとことでいうなら、環境保全という発想は、人のケアに結び付きにくいが、環境のケアという発想には、最初から人のケアという視点が含まれているということだ。

かつて環境保全の専門家の中には、資源の適切な管理を求めるあまり、その資源を利用して生活する人たちを敵視するような風潮もあった。最近はだいぶ様子が変わって、環境の保全と地域住民の利益とをいかに両立させるかということが盛んに議論されるようになったが、しかしそれでも、生活のために資源を利用する人たちが厄介者扱いされる場合が少なくない。目的はあくまで「環境の保全」であり、人々の生活は、付け足しのように扱われてしまうこともある。

だが環境と関わりながら生活する者にとって、自らの生活は決して「付け足し」などではない。資源を与える環境に気づかうということは、同時にその資源によって支えられる生活に気づかうことでもあるのだ。このことを考える上で、浜名湖のアサリ漁の経験はたいへん参考になる。本書第1部第2章で詳しく記されているとおり、浜名湖沿岸では1980年代のはじめまで、漁師たちはアサリの水揚げを仲買人に直接、売り渡していた。これは過剰な採取を促しただけではなく、家計収入として把握されないお金が漁師の「遊び」に消えることも意味した。この状況は、アサリの「伝票扱い」が実現したことで一変する。アサリの水揚げが漁協の競りにかけられる（伝票に記録される）ことで、漁師の妻がアサリ漁の売り上げを正確に把握できるようになった。アサリは一攫千金の資源から、家計を潤す資源へと変わったのである。

環境へのケアという発想は、資源を与える環境と、資源を利用して生活する人間との関わりに注目する。そこでは、人間に資源を与える環境の持続性が視野に入っているのと同時に、資源を利用する人間の生活の持続性も視野に入っているのである。ACサイクルは、そのことを実にうまく表現している。一方の極に環境が置かれ、もう一方の極にコミュニティが置かれる。環境の向上と、コミュニティの充実がうまくかみ合って、はじめてACサイクルが動き出すのである。はじめに述べたように、環境への気づかいと人への気づかいがうまくかみ合って、はじめて私たちの生活は続いてゆくのだと考えれば、ACサイクルは、専門家の分業によって科学が細分化するなかで見失われていた、ごく当たり前の思考を取り戻そうという試みだといえるだろう。

参考文献

三田牧『海を読み、魚を語る——沖縄県糸満における海の記憶の民族誌』（コモンズ、2015年）

第4章　生存基盤論とAC

河野泰之

産業革命は私たちの生産と生活の様式を大きく変える端緒となった。地質学的時間を経て生成されたバイオマス由来の物質を資源に変換し、私たちにとって有用なエネルギーや材料を生産できるようになった。労働効率が飛躍的に向上したのみならず、それまで不可能だった大量生産、大量輸送や高速移動が技術的に可能になった。これが市場経済を急速に発展させ、技術革新を加速した。わずか2世紀の間に産業革命の恩恵は地球全体に行き渡った。それが20世紀後半である（マクニール 2011）。自動車や電化製品をはじめとする工業製品の生産量とエネルギー消費が急激に増加し、人々の生活は物質的に恵まれたものになった。化石資源に依存した経済成長を追求するこの趨勢に対して、1972年にローマクラブが警鐘を鳴らし（メドウズ 1972）、1988年に「気候変動に関する政府間パネル」（IPCC）が設立されて、地球環境の科学的な観測ネットワークが確立された。1992年には「環境と開発に関する国連会議」（地球サミット）が開催されて、地球環境を保全するための国際的な制度設計に関する議論が始まった（佐藤ほか2012）。

それから、すでに数十年が経過した。世界のほとんどの人が、気候や気象や海洋や生物の動きがこれまでとは違うことを認識するようになった。この変化が、私たちの生活と生産にどのような影響を与えるのか未だ明確ではないが、何か対応策を考えなければとならないとみんなが考えるようになった。そこで、グッド・プラクティス探しが始まった。例えばイエール大学とコロンビア大学は共同で、自然環境の健全性と環境政策の有効性を評価する環境持続性指標を開発した（Yale Center for Environmental Law and Policy他2005）。ドイツのベルテルスマン財団は、国連の持続可能な開発目標（SDGs）に向けた各国の取り組みをSDG指標として評価した（Sachs et al. 2016）。これらの指標では、いずれも、ヨーロッパや北米、そして日本が高い評価を受けている。これは、これらの国々をモデルとして他の国々も対応策を考えるべきであることを示唆している。

生存基盤論は、このような国際的な公論に対する疑問から始まった。温帯先進国の環境政策は確かに優れたものかもしれない。しかし、環境政策は、それぞれの地域社会における生活や生産の様式と密接に関連したものであり、どのような環境政策が有効であるかは地域によって異なる。まして、温帯先進国は人間活動が自然環境に与える負荷が突出して大きい。それはWWFが2年ごとに発表しているエコロジカル・フットプリントを見れば一目瞭然である（WWF 2016）。自然環境とどのように向き合い、どのように活用するのか、そのためにどのような技術開発と制度設計が必要なのかを環境政策にとどまらず考えるうえで、温帯先進国をモデルと位置付けることは、個々の地域社会にとっても、地球全体にとっても、望ましい未来ではないはずである。

それでは、どうするか。私たちは、今日の状況を生んだ背景に、私たちが享受している物質的に恵まれた生活そのものがあることに気づいている。そのため、地球環境を保全するためには物質的に恵まれた生活を後戻りさせなくてはならない、しかし物質的に恵まれた生活に慣れ親しんだ私たちにとって、それはあまりに大きな苦痛を伴う変革である。このジレンマに直面し、大胆な手を打てずに、わずかな軌道修正を繰り返しながら問題を先送りにしているのが世界の現状であろう。とするならば、今、私たちに必要なことは、産業革命以来の人類社会の変革を、より長期の人類社会の発展の歴史に位置付け、その功罪と意義を踏まえて、人類社会が目指すべき道を根本的に問い直すことではないだろうか。これが生存基盤論の出発点である（杉原ほか 2010）。

このような構想に至った素地は、私たちが長年にわたって実施してきたアジアやアフリカの熱帯諸国におけるフィールドワークにある。フィールド研究は、現場のリアリティから研究課題を組み立て、研究アプローチを選択することに特徴がある。理論の実証を目指す実験科学とはまったく異なるアプローチである。現場で生起する諸現象をつぶさに観察し、その背後にあるさまざまな論理をディシプリンを超えて読み解き、地域社会の動きを見究める。このような作業の繰り返しは、人類社会の発展が、明確な意思をもった大きな力によってけん引されることもあるが、一つ一つは小さいけれど無数の、家族やコミュニティから国家やグローバルに至るさまざまなレベルで働く力の組み合わせとせめぎあいの結果として達成されてきたものもあることを教えてくれる。そういう視点から20世紀後半を問い直すと、それは、人類社会の歴史のなかで、「近代化」や「開発」、「近代技術」といった大きな力がいかんなく発揮された時代だったように思う。これは、大変、効率的だったので、単線的で右肩上がりの社会発展を実現することができた。その結果、私たちは、人類の発展を長きにわたって支えてきた無数の小さな力の潜在力を忘れてしまい、この数十年の延長でしか未来を考えることができなくなった。これが、先に述べたジレンマの背景にあると思う。幸いなことに、アジアやアフリカでのフィールドでは、無数の小さな力の組み合わせとせめぎあいが脈々と続いており、それが持続的な地域社会の礎として機能している。

一つだけ、例を挙げよう。東南アジア島嶼部の沿岸に広く分布する熱帯泥炭地である。泥炭は堆積した植物遺体と水からなり、その厚さは10メートルを超えるところもある（古川 1992）。常に水に覆われ、かつ土壌がない。そのため、泥炭地の大部分は、農地開墾のみならず、人の居住さえ拒んできた土地である（高谷 1985、Abe 1997）。ところが近年、農地拡大のための開発余地が枯渇するとともに、工業原料としてバイオマスの利用が増加したために、熱帯泥炭地の活用への関心が高まった。ここでは大きな力による大規模開発と小さな力による緩やかな発展が併存している。

インドネシア・スマトラ島のリアウ州BG地区では、国際的な民間企業による大規模開発が進行している（鈴木ほか 2012：221—254）。パルプ・製紙原料となる早生樹の人工造林のために70万ヘクタールの伐採事業権（コンセッション）を得た企業は、地区の標高や泥炭層の厚さを詳細に調査したうえで、地区全体を、生物圏保全を目的とする中核ゾーン（18万ヘクタール）、人工造林のための生産ゾーン（22万ヘクタール）、地域住民との共存を目指す調整ゾーン（30万ヘクタール）の3区分とする土地利用計画を策定した。そして、生産ゾーンの地下水位を70センチメートルに維持するために排水路網を掘削し、アカシアマンギウムを植栽した。アカシアマンギウムは5～6年で成木となり、伐採される（図1）。伐採後は再び植栽する。これにより、1ヘクタール当たり年間26トンの原木生産を実現した（渡辺ほか 2012：353－370）。生産ゾーンにおける排水路整備は、必然的に、調整ゾーンの地下水位も下げる。これが、多数の小農の入植を誘発した。彼らは、オイルパームの栽培を始めた。食用油を始め多用途に加工可能なオイルパームの需要は国際市場で急増しており、農家にとって最も収益性の高い商品作物である。科学的な土地利用計画と近代的な施設整備、体系的な水管理により、それまで大部分が手つかずであった泥炭地が、わずか十年ほどで、高い生産力を誇る土地に改変された。グローバル資本と近代技術による見事な開発である。

図1　BG地区の人工造林地。奥に見えるのが成長したアカシアマンギウム、手前が伐採直後。網の目状の水路により地下水位が制御されている

一方で、リアウ諸島州のSDI村では、大きな力による開発よりもずっと長い時間をかけて、生産力は低いかもしれないが国際市場の価格変動に対して耐久性のある

図2　SDI村が位置するトゥビンティンギ島のサゴヤシ園。切り倒したサゴヤシをトゥアルと呼ばれる丸太に分割し、2、3本ずつまとめて運び出す

土地利用と営農体系を作り上げている。100年以上前の入植当初には自給的なサゴヤシ栽培と漁業が主たる生業だった。1920年代に中国系商人が進出し、ココヤシとパラゴムが導入され、商品作物栽培が始まった。1960年代になると、かつては自給作物だったサゴヤシが商品作物として栽培されるようになった（図2）。現在、この村の土地利用は、沿岸から内陸に向けて、ココヤシ、集落、パラゴム、サゴヤシ、泥炭湿地林と帯状に分布している。サゴヤシ園は現在も内陸部に向けて徐々に拡大中である。泥炭湿地林では、かつてはメランティ等の有用樹種を択伐し、それが村人の主たる収入源だった時代もある。しかし今は、村人の有志が立ち上がり、自分たちで森林保護区を定め、盗伐を防ぐために定期的にパトロールをしている。森林が農地の水文環境を維持するために重要な役割を果たしていることに気づいたからである。この土地利用や営農体系は、どこまで塩水が侵入するのか、泥炭の深さはどの程度かというようなこの村の生態基盤と国際市場という村人がすでに100年近くにわたって依拠してきた経済環境に適応するための試行錯誤を積み重ねて形成されてきたものである。この過程では、村人が主役であることに疑いはないが、商人や農産物加工業者の関与も決定的に重要な役割を果たしてきた。

BG地区の開発は、科学的知見に立脚して資本集約、技術集約であり、かつ効率的である。伐採事業権を得た企業やそれを付与した政府の意図が開発事業を貫いており、合理的である。しかし、この合理性は、今、私たちが手にしている科学的知見に則って、かつ現代社会の社会経済環境に照らして、という条件付きでの合理性でしかない。科学的知見は日進月歩で蓄積されている。しかし、自然環境や生態系はそれを超えて複雑でダイナミックである。とりわけ熱帯の自然環境に関しては未解明の点が多い。社会経済環境は、数十年という単位でみれば大きく変動する。それに応じて、制度やルールはめまぐるしく変わる。長期にわたって持続的な人類社会を構想するためには、短期的に変化する要因に依拠した合理性のみを論じるのではなく、より根源的な生態的、社会的条件を見極め、それを前提とした議論を展開する必要がある。大きな力と無数の小さな力は二者択一ではない。これらの相互補完こそが、世界の諸地域が共有できる未来を生む。実際にBG地区では、大規模開発により引き起こされる泥炭火災を防ぐために、私たちの仲間が中心となってSDI村が蓄積した知見を取り込んだ軌道修正を試みようとしている。

エリアケイパビリティーは、私たちが忘れかけている無数の小さな力による地域社会の発展の重要性を指摘し、それを再活性化しようという試みである。根源的な生態的、社会的条件を科学的に見極めるのはきわめて困難な作業である。しかし、それは、地域住民の生活に埋め込まれ、地域住民の価値観や将来展望に反映されている。ミクロな世界に埋め込まれた人類社会の長期的な持続性を支える基盤を探り出し、それを活用するメカニズムを構築することこそが、エリアケイパビリティーの目指すところである。ＳＤＩ村の住民が自然環境からのレスポンスや国際市場からのフィードバックを確認しながら実現してきた発展は、生態的、社会的に多様な世界諸地域において、それぞれの地域に適した生存基盤を形作っていくためには、無数の小さな力の活性化が有効であることを物語っている。

参考文献

佐藤孝宏・和田泰三・杉原薫・峯陽一編『生存基盤指数——人間開発指数を超えて』（京都大学学術出版会、２０１２年）
杉原薫・川井秀一・河野泰之・田辺明生編『地球圏・生命圏・人間圏——持続型生存基盤とは何か』（京都大学学術出版会、２０１０年）
鈴木遥・鮫島弘光・藤田素子・渡辺一生・増田和也・水野広祐「インドネシア・リアウ州における調査地域の概要」（川井秀一他編『熱帯バイオマス社会の再生』、京都大学出版会、２０１２年）
高谷好一『マングローブを生きる——熱帯多雨林の生態史』（ＮＨＫブックス、１９８５年）
古川久雄『インドネシアの低湿地』（勁草書房、１９９２年）
マクニール、Ｊ・R、海津正倫・溝口常俊監訳『20世紀環境史』（名古屋大学出版会、２０１１年）
メドウズ、ドネラ・H、大来佐武郎監訳『成長の限界：ローマ・クラブ「人類の危機」レポート』（ダイヤモンド社、１９７２年）
渡辺一生・川井秀一・水野広祐・増田和也「企業と小農のバイオマス生産」（川井秀一他編『熱帯バイオマス社会の再生』京都大学出版会、２０１２年）

Abe, K. Cari Rezeki, Numpang, Siap: The recla,ation process of peat swamp forest in Riau, *Southeast Asian Studies* 34(4), 1997: 622-632.

Sachs, J., Schmidt-Traub, G., Kroll, C., Durand-Delacre, D. and Teksoz, K. *SDG Index and Dashboards - Global Report*, New York: Bertelsmann Stiftung and Sustainable Development Solutions Network, 2016.

WWF. *Living Planet Report 2016*, WWF.

Yale Center for Environmental Law and Policy, Yale University, and Center for International Earth Science Information Network, Columbia University. 2005. *Environmental Sustainability Index: Benchmarking National Environmental Stewardship*, New Haven: Yale Center for Environmental Law and Policy, 2005.

第5章　ACの発現と向上
――サステナビリティーに代わる地域発展の可能性を求めて

清水　展・渡辺一生

資源と人間の創発＝双発的ケイパビリティー

横文字やカタカナを使った新奇な表現や考え方には気をつけたほうがよい。使う本人がよく分からないまま、かっこつけて使っているだけ、ということが多々ある。そう自戒しているのに、大事な題名でカタカナを使ってしまった。お恥ずかしい。日本語に訳せば、ACのA＝エリアは地域、C＝ケイパビリティーは潜在能力、サステナビリティーは持続可能性とほぼ同じ意味である。カタカナを使わなければ、「地域潜在力の発現と向上――持続性に代わる地域発展の可能性を求めて」と言い換えることができる。

なのにカタカナを使ったのは、サステナビリティーが環境問題と経済発展の二兎を追うためのの金科玉条のスローガン、いまや無敵の正義となっているからだ。本章では、それに対して異を唱え、環境保全と地域発展のためのもうひとつ別の経路、違う考え方としてケイパビリティーを提唱したい。

サステナビリティーは何が持続的であるのか、その主語があいまいである。環境なのか発展なのか。本章のケイパビリティーも、問題含みの使い方をする。通常はひとりひとり具体的な個人を単位として、個々人のケイパビリティーが問題とされる。たとえば、1998年のノーベル経済学賞を受賞したアマルティア・センが1980年代の半ばに新しい開発の考え方として提唱した「ケイパビリティー・アプローチ」が有名である。それは1990年に創刊された国連開発計画（UNDP）の『人間開発報告書』において、世界各国の開発状況を分析し人間開発を促すための枠組みとして採用された。

エリアケイパビリティー（Area-capability：AC）がセンら人間開発の考え方（極論すれば人間中心主義となりかねない）と異なるのは、ケイパビリティー（潜在能力）の発現が人間個々人ではなく、人間（の集団）と地域（エリアの環境や資源）との相互作用によって両者の可能性が拓かれてゆくと考える点である。ACとは、端的に言えば、「人びとが地域の環境的豊かさを能動的・主体的に高め、その環境が有する資源を用いて地域が質的に豊かになる能力のこと（石川・渡辺 2015：11）」である。人びとという主語は、結束の固い共同体ではないにしても緩やかなネットワークで結ばれた疑似コミュニティーを含意している。またセンと違い、人間だけでなく地域と資源が重要な構成要素であり同時にアクターとなっている。人間と自然とが対立するのではなく、相互依存の関係で結ばれ、互いを良きものと高めあう相乗効果を発揮する可能性を持っているという感覚は、きわめて日本的あるいは東南アジア的である。その背後にはアニミズム信仰があるだろう。八百万の神々を祀る日本の神道もアニミズムである。

すなわちACで重要なモメントは、いまだ存在しなかったもの／ところ、気づかずに無視されていたもの／ところ、あるいは過小評価されていたもの／ところに資源としての価値を見い出し、取り出して有効活用し、かつそれを持続的に利用するために、まず人間の側から積極的な「ケア」を行うことである。しかしそれは、人間の側からの一方的な働きかけではない。資源の保全と適切な活用の必要から人間の側にも協力と協働作業が生まれ、その活動をとおして疑似コミュニティーが形成され強化されてゆくのだ。資源と人間コミュニティーとが、互いに潜在力を引き出し高めあう好循環のサイクルと、それを生み出すモメントの両方をACは含意している。

見い出され、無から有として現れる資源

ACの考え方と不可分なのは資源である。われわれは、ともすれば資源をすでにそこに潤沢にあるものと考えがちである。しかし資源なるものの実態は、まずは隠れていて見えず（潜在していて利用されず）、人間の働きかけによって初めて姿を現す。資源に当たる英語のresource(s)の語

図1　オスロブ町では、浜辺のすぐ近くでジンベエザメを見ることができる

源は、古いフランス語の方言にある動詞のresoudreであり、この語は「再び立ちあがる」とか「復活する」といった意味という。つまりリソース＝資源とは、人間の個別の活動に先立ってもともとそこにあるが、しかし資源としては見い出されていない隠れされた「源泉」や「本源」を指す。端的にいえば、資源の本質とは、初めから「(資源)である」「(資源)としてある」のではなく、「(資源)になる」過程のなかで生まれ、現出してくるのだ（内堀２００７：18－21）。

具体的な例として、たとえば、私が２０１６年の4月に訪れたフィリピン・セブ島南端のオスロブ町タナウアン・バランガイ（村）のジンベエザメ・ウォッチング観光について見てみよう。ダイビングをする者たちにとって、ジンベエザメを見ることとは大きな楽しみであり、それに出会えたら大感激する。が、遭遇チャンスの高いスポットはあるものの、出会えるかどうかは時の運、ジンベエザメの気分次第である。しかしオスロブでは、餌付けをされて人に慣れたジンベエザメが毎朝20頭ほど岸辺近くに現れて、ほぼ99％の確率で見ることができる。世界で他に類を見ない好スポットであり、数年前から始まった本格的なウォッチング観光は地元に大きな収益をもたらしている（図1）。

タナウアンの浜辺から２００メートルほど離れて、浜辺と平行に幅20メートルくらいの間隔で

2本のロープが数百メートルの長さで張られている。そのロープのあいだに浮かべた数隻の漁師のボートから投げ込まれるオキアミの団子を、ジンベエザメが大きく口を開いて飲み込みながら進んでゆく。10〜20頭近くの巨大なジンベエザメが、10秒ほどの間隔で、水中行進するように次々と現れてくるさまは壮観である（図2）。餌やりは午前中だけで、昼を過ぎるとジンベエザメは沖合に去ってゆく。

図2　ジンベエザメを間近に見る清水（渡辺撮影）

ジンベエザメ・ウォッチングが観光産業として本格的に始まったのは2012年頃。初めのきっかけは2008年に、まず傷ついて入江に入って休んでいたジンベエザメに地元の漁師が餌をあげたら、その餌に引かれて離れなくなった。そして、そのうち仲間のジンベエザメもやってきた。そこで、オスロブの町長が、漁民たちとともにジンベエザメに餌をあげ保護しつつ観光開発の資源とすることを思いついた。ウォッチングに関わる漁民（組合のメンバー）は、今は200人弱いる（女性はひとり）。地区ごとに青、緑、黄の3つのグループに分かれ、互いに交代しながら、ジンベエザメの世話（餌やりと保護）や、20〜30分に制限されたウォッチングを楽しむ観光客の世話（ボートで観察場所まで搬送）と監視・混雑整理、浜辺の清掃等をする。環境NGO（LAMAVE）も頭数確認のモニタリング調査や保護活動を積極的に行っている。その調査によれば、オスロブに来る個体の総数は200に達し、体長の平均は5・5メートルである。

料金は、2016年現在で、浜辺に出る入場料として100ペソ（約250円）、ボートの上からのウォッチングが550ペソ（約1375円）、シュノーケリングで1000ペソ（約2500円）、スキューバダイビングで1500ペソ（3750円）である。総収入の60％は漁民組合が取り、それで餌代と人件費（組合員の給料）、その他の必要経費をまかなう。30％が町の収入となり、町は観光客から料金を徴収し会計を管理し、ウォッチングに出る前に30分ほどの事前講習会（環境とジンベエザメの生態、禁止事項の説明など）をする。10％はタナウアン村の収入となる。ほとんどの観光客はセブ市からバスや車で3時間ほどかけてやって来て日帰りをするが、浜辺には滞在者のためのロッジやレストランも立てられ、観光業が急速に成長している。

残念ながら1泊2日の予備調査であったために、観光客の総人数や総収入についての数字を得ることはできなかった。が、少なくとも200人の漁民の雇用やホテル・レストラン業の成長のほか、ジンベエザメ・ウォッチングをつうじて、町役場の協力や支援を受けて地域の漁民が組合を作って自身を組織化し、貧しくバラバラの零細漁師からまとまり協力し主体的に観光事業に携わる存在となったことは注目に値する。まず地域に潜在的な資源（本源・源泉）があり、それを発見し、活用・維持・管理する住民が出てきて初めて、両者の相互作用をとおして潜在的な可能性が現実化され、拡大発展してゆくというAC的な経路がよく分かる。

それと同様な試みが、日本ではもっと早く1992年に熊本県天草市五和町沖のイルカ・ウォッチングで始まった。それは島の住民5名の有志が、この島でしか経験できない観光のあり方を模索する中で生まれた。彼ら5名は、漁師でもなく観光業の経験もなかった。地元漁師に観光客をイルカの生息地まで案内してもらうように依頼しても、初めは「やめておけ」「漁業の邪魔だ」と冷ややかな対応が多かった。が、開業半年で数千万円の売り上げを記録した。翌年以降も観光客は安定的に増え続け、住民のイルカへの意識が大きく変わった。雇用を創出するとともに、イルカ・ウォッチングを中心とした人びとのつながりが新たに生まれた。現在は年間9万〜10万人の観光客を集めている。地域の資源としてイルカを見出し、保全と活用をとおして経済振興が図られ、逆にイルカという資源が地域のまとまりを擬似コミュニティーのようなものとして作り出していったのだ。

オスロブも五和町も、経済学者の宇沢弘文が、「コモンズの悲劇」を論じたハーディンとは逆に、「コモンズは村や自治体が独立するための重要な契機になっている」と主張していることの例証となる（宇沢2002）。このふたつの事例に見られるのは、資源と人間がそれぞれ持つ潜在力を、互いが誘発し引き出してゆくという相互作用である。ただし、このふたつの事例は規模が小さいかもしれない。が、規模が大きくても、ACが発動する原理は変わらない。たとえば南米チリのサケ・マスの養殖業が分かりやすいだろう。もともとサケ・マスは北半球にのみ棲息する魚であった。が、1970年代から約20年にわたるJICAの技術援助により、まったく新しい産業としてチリで養殖業が登場し成功を収めた。2014年度の産出量の国別ランキングで、チリ(95万5179トン)はノルウェー(132万8167トン)に次いで世界第2位で、3位のロシア(42万7821トン)の2倍以上である。無から有を引き出してゆくACの理念とプロセスをよく体現する事例である(細野2010)。ここでは日本のJICAやニチロなど、国の機関や大企業がカウンターパートのチリ政府や地元住民とともに重要なプレーヤーとなっている。しかし当事者や利害関係者は多様で多数になっても、資源と人間が互いに潜在力を引き出し高め合うという関係の基本は変わらない。

サステナビリティーの先へ

サステナビリティー＝持続可能性は、「環境と開発に関する世界委員会」が1987年に公表した報告書「Our Common Future」の中心的な考え方として提唱してから四半世紀が過ぎた今でも、開発実践におけるきわめて重要な概念である。不動の4番打者の貫禄がある。サステナビリティーの考え方、つまり自然環境と調和のとれた開発が理想的であるべきことに私も両手を上げて賛成する。ただし、姉妹編収録の拙稿「サステナビリティーからエリアケイパビリティーへ」で紹介した、高度経済成長期における東京湾の排水汚染による死と浄化運動による再生の経験や、インドネシア・スラウェシ島南東沿岸部で21世紀に入って進んだ陸側でのエビ養殖からの撤退と海側でのアガルアガル栽培へという生業転換の事例が示す意味は重い。それは、人間と自然の関係や環境資源の利用法のダイナミックな様態変化は、持続可能性という枠では捉えきれないことを如実に物語っている。持続可能性を、旧来の生業や生活様式の静態的で安定した継続として捉えることは、少なくとも東南アジアで現実に生じているダイナミックな変化を見逃し、今後に生じうる望ましい変化の可能性への着目とそれへのチャレンジを予め排除してしまうことになりかねない。それが東南アジアで顕著に極端に見られることは確かだが、実は日本でも同様である。

日本では、サステナビリティーのモデルとして里山が、近年になって手放しで礼賛されている。確かに里山の自然を人間がケアし、その資源の保存と活用を持続的に行うのは理想的である。しかし日本で里山が保全され活用されてきたのは、かつて里山が地域住民の生活を支える資源そのものであり、それを利用する権利と責任を入会地・入会権として住民が享受し共有していたからであった。里山のさまざまな産物・資源に生活と生存を大きく依存する村落コミュニティーが存在し、持続的な利用のために、それをしっかりとケアしていたからである。適切なケアをするためには、コミュニティー成員の積極的な参加による協力が不可欠であり、それを実現するためにはフリーライダー（抜け駆けやタダ乗り）を防ぐシステムすなわち共同体規制が不可欠である。でなければギャレット・ハーディングが論じた「共有地の悲劇」（1968年）が不可避に生ずる。

確かに里山のエコ・経済システムは素晴らしいが、それが絵に描いた餅にならないように注意しなければならないのだ。高齢化と過疎に悩むのは、もはや日本の農山村だけではない。現在の東南アジアの国々でも急激な経済成長が進み、都市への人口集中と地方の農山村の過疎化が進んでいる。かつて死なずに生きてゆくことが至上命題であったときには、理不尽に思えるような共同体規制でも成員が自ら進んで守り、相互依存と密接な協力（相互監視に裏付けられた）を行ってきた。それにより名実ともにコミュニティーとしての機能を維持し、それを支える里山の持続的利用を行ってきた。しかし現在では、環境資源の保全・活用の責任主体となるような所与の地縁共同体が必ずしもしっかりと存在しているわけではない。そのことを認めるならば、サステナビリティーを主張するためにも、その考え方を、もっと広く柔軟にダイナミックに捉え直す必要がある。

ケイパビリティーの十全発揮

私が専門とする文化人類学では、中心的な概念である文化をめぐって、サステナビリティーに相当するような持続性がもはや妥当しない状況が生じていることが問題とされ、その状況を理解し分析する取り組みが盛んに行なわれている。かつて文化は伝統と同様に、太古の昔から世代を超えて連綿と受け継がれてきたもので、その根幹は大きくは変わらぬものと理解されてきた。しかし、エリック・ホブズボウム＆テレンス・レンジャー（編）の『創られた伝統』（1992年）が、そうした通念に再考を迫る衝撃を与えた。「伝統」とされているものの多くは、実はごく最近、しかも政治的な意図をもった人びとによって人為的に創り出されたものであることを明らかにしたのだ。英国のクリスマスの王室放送やスコットランド高地のタータン文様とキルト、サッカーのカップ・ファイナルの慣行ほか、同書が取り上げたトピックは、儀礼をはじめ広く文化と呼ばれる事象に当てはまる。

さらに東西冷戦が終結した後、グローバル化とネオ・リベラル経済が地球上の隅々にまで浸透・浸食している。そのことが地域や文化という概念を大きく揺さぶっている。概念をというよりも、それが指し示す現実や実態をきわめて不安定にしているのだ。たとえばジェームズ・クリフォードは、『文化の窮状』（2003年）で、グローバルな移動が日常になっている現代世界においては、これまで一般的に信じられてきた文化概念が通用しないことを指摘し、新たな文化の捉え方を提唱する。すなわち、文化という考え方は、「ルーツ（roots）があり、静的で、領域化された存在だという想定をともなっている」。が、しかし今や、有機的な一体性をもち、特定の土地に根ざした固有のものであるという硬直した文化概念を捨てる必要があるという。純粋で真正な文化などもはやありえない。代わりに、断片的で混淆した文化、継承されずに断絶したが別の形で復活した文化などのありように着目し評価しなければならないと主張する。少なくとも文化に関しては、一貫して不変のままで、サステナブルなものなどないという。生々流転である。

こうした文化の概念内容に関する近年の議論から大きな刺激と示唆を得ながら、環境＝資源と人間＝社会のダイナミックな関係を考えると、環境＝資源の活用と保全に関して、サステナビリティーからケイパビリティーへの転回＝展開が必要なのだ。ただし活用と保全をする責任主体となるようなしっかりとしたコミュニティー＝地縁共同体がもはや存在しない、あるいは十分に機能していないとしたら、どこに希望が見いだせるのだろうか？　それはおそらく、ある程度は自立＝自律して合理的な判断ができる個人が、または志や目的を同じくする少数の者たちが、まずチャレンジして取りかかり、自主的に作り上げてゆくものであり（五和町沖のイルカ・ウォッチングが5人の有志で始まって拡大したように）、さらには外にも広く開かれているはずだから、共同体＝コミュティ（外縁の境界をもち閉ざされた集団を含意する）と呼ぶよりも、アソシエーション（連携ネットワーク的集まり）と呼ぶ、あるいは考えるのが適切であろう。

そもそもACの向上とは、今、現に存在している様態（社会組織や生産様式や自然環境などの複合態）を持続的（挑発的にいえば惰性のまま）に存続・発展させるのではない。地域の潜在的な資源を発見または再発見や再評価し、手を加え活用して人間の生活を豊かにしてゆく働きかけと不可分に結びついている。そうした環境への働きかけをとおして初めて、潜在的な可能性が資源となって生成出現し、人間のために役に立ってゆく。逆に人間の側もそうした「資源化」を進めてゆくプロセスのなかで協力協働し、ゆるやかに結ばれたまとまり（アソシエーション）をいっそう親密で緊密なものとしてゆく。まとめれば、まず人間の側にアソシエーションあるいは疑似的コミュニティを必要とし生み出すような、協力した資源への働きかけがあり、逆に人間の側も積極的な資源のケアと保全をとおして資源からの恩恵をより多く享受してアソシエーションがさらに強化されてゆく、という好循環がACの向上につながってゆく。

地域の出現とACサイクルの螺旋的向上

ここまで論を進めてくると、地域（エリア）もまた、資源と同様に本来は潜在的なもの、明確な輪郭（境界）をもって所与の実体として存在しているわけでないことがわかる。日常的な用法としての地域は、たとえば災害の被災地域や、戦禍のおよぶ紛争地域、感染症の流行地域、毒物の汚染地域、あるいは開発のターゲット・グループが住む貧困地域、安全が保証されず立ち入りが制限される危険地域など、対処すべき何らかの問題があるときに、その問題が影響の及ぶ範囲を指す。すなわち地域とは、伸縮自在の融通無碍な空間単位であり、比喩的にいえば内圧の強さに応じて膨らんだり萎んだりするゴム風船のようなものだ。内圧が高ければ風船がどんどん大きくなるように、接頭辞で示される問題が深刻で被害が甚大ならば、それに応じて地域の地理空間も広範囲に及ぶことになる。

地域を語るためには、まず先に問題があり、その影響が及ぶ範囲すなわち問題への対処や解決が必要とされる空間が地域として意識されるのだ。行政が気楽に使う地域住民や地域の皆さんというときも、まず市町村という行政体があり、それが法律や条例に定められ執行権を行使したりサービスを提供したりする対象として限定された空間に暮らす人びとが地域住民として捉えられる。法律による行政権が及ぶ範囲が地域を画定する。

私が所属する京都大学東南アジア研究所が調査研究の対象としている東南アジアという地域も、欧米にとって対処すべき深刻な問題が生じてきたゆえに、憂慮と介入の対象として出現し、冷戦体制のもとで実体化されていった。初めて東南アジアという言葉が用いられたのは、アジア太平洋戦争中であった。そのとき、日本軍が侵攻して軍政を敷き支配権を確立した、だからイギリスが植民地から追い出された南方大陸部に対して、イギリス軍が用いたのが始まりである。それは、中国において戦後の国共内戦に勝利した共産党が共産主義による国家建設を始め、周辺の諸国に大きな影響力を及ぼすに到ったことにより、アメリカにとっても資本主義の死活問題に関わる重要地域となった。そのことが東南アジアを地域としてひとまとまりに問題化し、その問題に対処するための政策提言に直接間接に役立つものと期待されて莫大な調査研究費が投入された。結果として、東南アジアという地域を実体化する「地域研究」が急速に深化進展し、蓄積された資料と情報と言説がその実体化を雪だるま式に強化し推進していった。

資源が潜在的な可能性を含意しているのに対して、冷戦期にアメリカで隆盛した地域研究の地域もまた、潜在的あるいは顕在的な問題の所在を含意していた。それは、冷戦体制下の政治経済条件のもとでやむを得ない対応であり、少なくとも西欧の資本主義諸国にとっては、中ソの共産主義が影響を拡大することへの対処（東南アジアにおいてはドミノ化の阻止）が最重要課題であった。

しかし、今や冷戦は終わり、世界大の問題の所在は共産主義の脅威（資本主義と共産主義の対立）

から、地球環境問題や貧困への対処へと変わってきている。それに応じて、単刀直入に言えば、地域も政治経済の異なる体制間の対立と競合さらには、覇権をめぐる闘争の場から、人間と生物すべての生存が保障され支えられ、より豊かな多様性と生活の安寧・発展の可能性を秘めた潜在的な地理空間と考えるべきである。そこでは天然自然のなかから資源となるものを見い出し、実際に取り出し活用してゆく資源化の過程に積極的に係わりコミットする当事者・関係者のゆるやかなまとまりが、次第に強固になってゆく。

ACとは、こうした世界大の状況の変化をふまえて、人びとが生活する場（小世界）における自然（資源）と人間（社会）との相互誘発・強化作用のダイナミックな展開を含意し、同時にそれを実現してゆこうという志と企てであり、未来の可能性に向けた挑戦である。

参考文献

石川智士、渡辺一生『エリアケイパビリティー――地域資源活用のすすめ』（総合地球環境学研究所、2015年）
宇沢弘文「地球温暖化と倫理」（佐々木毅・金泰昌編『地球環境と公共性』東京大学出版会、2002年）
内堀基光「序：資源をめぐる問題群の構成」（内堀基光編『資源と人間・資源　人類学01』（弘文堂、2007年）
クリフォード、ジェームズ『文化の窮状――二十世紀の民族誌、文学、芸術』（人文書院、2003年〔1988年〕）

スコット、ジェームズC『モーラル・エコノミー――東南アジアの農民叛乱と生存維持』（勁草書房、1999年）

ハーディン、ギャレット「共有地の悲劇」（シュレーダー＝フレチェット、K・S編『環境の倫理・上』晃洋書房、1993年〔1968年〕）

ホブズボウム、エリック＆テレンス・レンジャー編『創られた伝統』（紀伊國屋書店、1992年〔1983年〕）

細野昭雄『南米チリをサケ輸出大国に変えた日本人たち――ゼロから産業を創出した国際協力の記録』（ダイヤモンド・ビッグ社、2010年）

Craven, Samantha, 2012, *Whale Sharks of Oslob:A Report of the Status of the Whale Shark Watching Tourist Industry in Tan-awan, Oslob, Cebu*, Physalus.

座談会　ＡＣの達成と可能性

有元貴文・黒倉　壽・河野泰之
伏見　浩・宮田　勉・渡辺一生

渡辺一生

ＡＣプロジェクトのはじまり

渡辺　今回この実践編を出版するにあたり、エリアケイパビリティー（Area-capability：ＡＣ）プロジェクトの背景として、研究者がどんな思いで、どんな形でその地域に入っていって、この5年間つきあってきたか、ちゃんとその人となりまで含めて感じられるような企画を

有元貴文

宮田勉

つくりたいと考えて、この座談会を開催することにしました。

この座談会でまず伺いたいのは、どういうふうにして自分なりにACをとらえたのか。そしてやっていくうちに、そのとらえ方がどういうふうに変わってきたのかということ。それから次に、今後の話として、今回やってきたACが、これからの研究や仕事でどういうふうに生かせるだろうかといった、将来的な展望についても話をうかがいたいと思っています。

まず、ACプロジェクトが始まる頃の、そもそもの問題意識というのは、どういうところが中心だったんでしょうか。たとえば有元先生の場合は、タイのラヨーン県の定置網に行かれていて、石川さんのほうから、それを継続する形でプロジェクトを立てたいといった相談があったというふうに聞いていますが。

有元　そうですね。こちらにしてみると、ちょうど研究予算が終わったときだったので、とてもありがたかったです。

渡辺　そのときには、石川さんはACの考え方について何か説明されてました？

有元　覚えているのは、ACという言葉をインターネットで検索してみたんですよ。当然、ないわけですね。「地球研がまた新しい専門用語を使い始めるらしい」という文章がヒットしたのを覚えています。実際に意味を理解し始めたのは、その後の研究会からですね。

河野泰之

渡辺　宮田さんもACという言葉を聞いたのは、プロジェクトが始まってからなんですか？

宮田　正直、ある程度プロジェクトが進んでから入ったんで、最初はわかってなかったです。ただ、破壊なき開発をしたいんだというのが石川さんの主張で、そういうものなんだと理解していました。

河野　ここ4、5年、毎朝20分くらい、鴨川沿いを歩いています。鴨川って結構野鳥とかいて、ジョギングしている人もいるし、ベンチに座ってしゃべっている人もいるし、犬を連れて散歩している人もいる。同じ空間にいるけど、お互いに干渉せず、好きなことをやっている。それでもそこにひとつの調和した社会があるのは、全員がゆるやかにルールを守っているからだろうな、こういう社会がきっと強靱で長持ちするんだろうな、というようなことを毎朝考えています。

このプロジェクトを始める前に、東南ア研のほうで持続型生存基盤研究というプロジェクトをやっていました。これは人間社会の成長の持続性を、100年とか200年といったより長期の時間軸に位置付けて考えてみようというプロジェクトです。その中で議論したのは、これからは環境も社会そのものも、確実に予測困難な社会になっていくだろうということでした。今まで、予測に基づいて将来計画を作って、それにしたがって社会を発展させていくことが未来に向けた課題だったのですが、これからはそういうやり方は機能しないだろうという点でした。

もうひとつは、20世紀後半の発展は、例えばエネルギーに関しては化石資源にものすごく依存したものでした。それは、石炭であり、石油であり、天然ガスだったのですが、今後はエネルギーひとつ取っても、もっと多様なものに依拠する社会になっていくだろうということでした。だから、これからの人間社会のあり方は、これまでの60年くらいに経験したメカニズムと違うことを考えないといけないんじゃないか、というような議論をしていました。

AC的議論の深まり

河野　そこに石川さんとの議論が始まりました。石川さんが最初に持ってこられたテーマは、熱帯の沿岸域の漁業を調べた場合に、水産資源がものすごく多様なことと、それから漁業者がバラバラなこと。これを組み合わせて成り立っているという話で、恐らく、それまでやってきた漁業資源管理などのシステムを当てはめるんじゃなくて、全く違うメカニズムでひとつの秩序をつくっていくようなことを考えたほうがいいんじゃないかという議論をしました。

さきほどの鴨川のイメージでいえば、人それぞれは自由にやっているんだけど、でも一方で、河川改修みたいな土台作りは行政がきっちりやって、その上でみんなが自由にやっている。人も鳥も、勝手にやっているだけではなく、ゆるやかな基盤みたいなものが共有されて、そのうえで共存共栄するというような社会のあり方があるのかなと思いました。そういうふうにイメージして、ぼく自身はACを、そういう社会をつくっていくプロセスのひとつとして考えています。

黒倉壽

黒倉　AC的考え方というのは、水産屋にはなじみやすいと思うところがあるんですよね。共有資源をどうするかと議論するときに、漁師がバラバラで行っている。その構図は昔からあって、そういう構造のときに、たとえばITQの考え方によれば、それは市場における解決ですよね。経済原則によって、その資源問題を解決すればいいという。しかし、そういうものは地域に多様な利用者がいて、多様な利害関係があるときに成り立つのか。成り立たないとすると、別のシステムがどうしても必要だ。

それをどうするのかという意識があったから――ACという新しい言葉を使うかどうかは別として――そういう興味があったから、理解は難しくなかった。

それから河野さんが言った不確実性の社会。不確実な社会の中でそれをやってみるというのは、意外に難しくて、最近になって「世の中の人は随分科学を信用してくれてるんだな」「滑稽なほどに信用するんだな」という実感がありました。だけど大事なことは、科学だって予測を間違える。政治も経済も間違える。間違えるたびに大げんかしてたら成り立たないから、そういうものを含みながらも、微修正しながら、なんとなく「まあ、まあ」と進んでいくようなシステムを考えないと落ち着かない。マスコミの人はそういう「まあ、まあ」という世界は嫌いですよ。激しく争って完璧な結論を出さなきゃいけないと、深く信じてる人ばかりだから。だけど、そうじゃない。それの力をどうやってエンハンスするんだということは興味を持ちました。

田牛の成功例とその後

渡辺　河野さんの話は、東南アジアをずっとやってきて、その実践からとらえた開放性みたいなところがあるんですけど、黒倉さんの場合は、フィリピンの例もあるにしても、日本の地域という特殊性も感じられたんですね。

伏見浩

黒倉　そう。地域の劣化みたいなものがね、水産はゆゆしき問題で、もう漁協に任せるなという議論もあるんだけど、漁協をどう強化するかという議論はない。

河野　それは、漁村だけじゃなくて農村もそうですね。たとえば里山なんかにしても、コミュニティがあるということを前提にどんどん環境行政は進んでいくんですけれど、でも、母体になる農村コミュニティはどうなっているのと訊かれたら、間違いなくどんどん劣化していってます。

渡辺　伏見さんも、どちらかというと日本でずっと現場にいて、日本のコミュニティの中に入って、いろいろやられてきたというところがあると思うんですけど、そこから見た場合に、どんな印象を持ちますか。

伏見　そもそも、ACプロジェクトがスタートした段階で、具体的でテクニカルな仕事をいっぱい持ってくるんだけど、何のためにやるかがわからなかった。

そういうような状態を続けてるうちに、ACの概念を作っていくプロセスで、石川さんから、浜名湖で私がやった仕事がひとつのモデルなんだと言われてさ。びっくりして、一体それはどういうことなんだと——今はわかるんですけど。

私は、最初は静岡県の水産試験場の伊豆分場にいたんです。それでアワビやサザエやイセエビをやってたわけです。いずれにしても、捕り過ぎだとか、制限体長をどうやって守らせるかといったような具体的な仕事がたくさんあるんだけれども、それこそ各部落を回って、夜10時ごろまで対話を重ねて、ということを繰り返し何年もやってたわけね。

下田に「田牛《とうじ》」というところがあって、そこがアワビの漁獲制限をやって漁獲量を回復させた、日本では非常に有名な土地なんですね。潜水器漁業の発祥の地でもあって、ヘルメット潜水とマスク式潜水と、それから海女がいて。そういうものの調整をしながら、漁獲量を回復させたという経緯があるわけです。

そういう成果をベースにして、伊豆半島全体にその成果を広めていきたいということで、伊豆分場は随分骨を折るんだけど、結局駄目でした。「あれは田牛だけの話」となってしまう。当時のぼくはまだ20代で全然駆け出しですから、懸命に説明をしましたが、そこで生活をしている方たちにはわかってもらえませんでした。

AC的な発想方法

伏見 あともうひとつ、ちょうどそこにいたとき、サザエの大発生がありました。その当時まで、サザエが周期的に大発生をする種だということはまだわかっていませんでした。日本全国で、大体同期的に大発生が起きるんですね。たまたまそれにぶつかって、それがさらに不思議なことに、大発生した群れというのは子どもを残さないんですよ。そうすると、突然大発生したサザエを、どうやって獲ったら一番合理的かみたいな、そういう話にしかならない。

そういう経験を経て、ぼくは転勤するわけですが、浜名湖に来たらまた別の問題がありました。漁業者の平均年収って、200万円ないんですよ。その人たちが、小舟で浜名湖に行ってアサリを獲って、生計を立てるわけです。そうすると、アサリに対する依存度が全然違うんだね。そうでいながら、せっかく稼いだお金で、お父さんは上をはねたり下をはねたり（例えば、収入金額が二万五千円であった時、二万円を自分のものにすると「上をはねる」、五千円を自分のものにすると「下をはねる」と表現する。第1部2章参照）して遊びに行っちゃう。家庭は貧乏なまま。そういう状態が続いているわけです。

ましてや、今は違いますが、アサリというのは昔は女性や子どもの獲るもので、まともな漁師の獲るものじゃないというのが常識でした。言ってみれば、副収入みたいな感覚だった。そういう感覚のところで、アサリが減っていってしまう。どうしたらいいかという問題がある一方で、クルマエビはクルマエビで、全然別な業種で組合も違いますから、それもなんとかしなきゃいけない。

そういう組合も考え方もバックボーンも全然違う人たちを相手にして、いろいろやったらたまたまそれがうまくいった。それが結果的には、石川さんが中心になってつくり上げたACサイクルのひとつのモデル・ケースにはなったんだと思うんだけど。だけど、やってる本人は、そんなことを考えたこともなかったよ。

河野　田牛でアワビの漁獲制限がうまくいった。それを見ていた静岡県が、伊豆半島から全域に広げようとしたら、全く機能しなかった。これ、実にACらしい話だなと思って聞いていました。ある場所でうまくいったことが、一見同じような条件を持っている近傍のところでは全然通用しないということですよね。

伏見　そうですね。田牛は非常に大規模な潜水漁業ですから、それがなくなったら生きていけないんですね。だから試験場に相談にきたときは必死だったんだろうし、その後も必死でやったんです。だけども、周りは海女ですから、そこまで切迫感がなくて、漁価の収入の柱にはなっていなかったんだと思うんです。

河野　それは振り返ってわかることでね。だから、あそこでうまくいっているんだから、こっちにもやらせようというのは、これは極めて行政的、計画的な発想です。それに対して、ACの発想は違います。場所ごとに違う条件があって、それを踏まえてこうやってみる、あれもやってみるというふうにやる。

伏見　そういう意味では「地域が生まれる、資源が生まれる」という、その表現の仕方って、すごくいいなと思うんです。

開発でもうけを生む

黒倉　古典的には、ソーシャルキャピタルなどのやり方もあるじゃない。でも、それともまたちょっとイメージが違うような気もしますね。

宮田　ACの根本は、開発です。ACの類似の概念は、金銭面がないがしろにされているような議論が強すぎると思うんです。やっぱりある程度もうかるという視点が重要だろうと思います。

黒倉　もうかるということが前提でなければ、成り立たないでしょう。

宮田　そうなんですよ。ソーシャルキャピタルは別にもうからなくてもいい。ソーシャルキャピタルはどっちかというと、幸せのほうが重要であったり、あとは災害とかに耐えられるような組織作りですね。あるいは、生態系アプローチみたいなものは、対象に対してどういうふうに影響しているかということは確かに調べるけど、やはりもうかるという発想はないですね。唯一ACだけが、開発でもうけを生もうと考えていて、これがACの特徴だと思ってるんですが。

伏見　だから、さっき言った田牛もそうですけど、収入が増えてくるんですね。その結果、漁家がよくなっていく。船も作れる。浜名湖もそうですよ。浜名湖も結局、ちゃんとクルマエビで経済規模が大きくなっていく。そういうことが当然、ベースとしてなければいけない。

その一方で、これは先の議論でしょうけど、科学者とか技術者とか研究者とかが、そういうサイクルのなかで何をするのか。ただ、もうかってよかったね、じゃないんです。単なる旗振り役ではダメなんだよね。

宮田　東南アジアの研究について知らないでACプロジェクトに参加したわけですが、トロピカルエリアは多様性があると聞き、タイの長い沿岸を見てみると、何も変わらないんです。獲ってるのはワタリガニだし、方法も刺網だし、そのあとの売り方まで一緒なんですよ。なぜこんなに単純になってるのかというのは、すごく疑問で、いまだによくわからない。そういう評価も1回しなきゃいけない。ACサイクルは一度評価した上で、足りないところを提案するというのが、ACなんですよね。このような疑問の解明はACに必要でしょう。

渡辺　ACという考え方と一緒に、そういう方法論とか評価とか、そういうレベルもやっていかないといけません。ただし、今回はどちらかというと、実際に現場で調査してみて、その中で発見しながら考え方をあらためていったり、作り直していったり、そういう作業がメインでした。そのなかで出てきた、こうやればもっとAC的な考え方で評価・分析できるという考え方は、まだまだこれから詰めていかないといけない。

コミュニティを作り出す

黒倉　話が変な方向へ行っちゃうかもしれないけど、「エリア」ということばね、あるいは「コミュニティ」ということばでもいいんだけど、ぼくは東南アジアの沿岸社会の多様度は低いと思う。つまり独自のコミュニティが形成できてないところが、随分ある。AC的な発想のなかで、「コミュニティをつくる」という要素も考えていかないと。コミュニティができていないがために、利益も低くて、ウェルフェアも低いというような構造もあるんじゃないかと思うんです。そういうところに大きな資本が入ってくると、あっという間に環境を破壊されたりもする。ああいうことが起こりやすいのは、多様度が少ないんだと思うんです。

渡辺　なるほど。たとえば有元先生がされているところでは、定置網が入ることによって、また別の資源の利用者集団が形成されるという過程がありましたよね。それでラヨーン独自のブランドというか、いくつかの種類の魚を、定期的に獲れるようなしくみができていると思うんですけど、それは特殊な事例と考えるほうがいいのか、どうなのか。

有元　建前としては、コミュニティベースの定置網です。そこに新しい技術を導入するというのが、ものすごくわくわくする。それをやると今まであった資源のバランスが崩れる可能性もありますが。

渡辺　そのあたり、ACが始まる以前からやっていたときと、ACが出てきたあとで、有元さんの中で、定置網に対する価値付けは、少しずつ変わったりしましたか？

有元　私としては、導入したあとの経緯もずっと見ています。定置網は環境にやさしいとか、資源にやさしいと言ってるけど、ほんとなのかなと。それの確認は、日本ではやられていない。それを確認するいい機会であったという気がします。

黒倉　定置網って、日本の独自の技術で、しかも明治以後なんですよ。だから、すごく興味があるのは、定置網の発達とコミュニティ形成というのは、何か関係があったんじゃないかということです。

伏見　でも、定置網の技術って、日本独自じゃないよね。あちこちありますよ。地中海にある、アルマドラバって言うんだけど、大型の定置ね。かき網が３０００メートルぐらいある。あれはフェニキアの時代からあるんですね。

黒倉　独自にローカルで発達してる?

伏見　あまりしてないみたいですよ。昔のまんま。

黒倉　日本は随分違ってきてるでしょう。

有元　もともとあったものというのは、沿岸近くに寄ってきたものを、ともかくさえぎって、袋や箱に入れて獲りましょうというやり方です。それもほんとに大昔からあるんです。それを日本では明治に入ってから、魚がうまく獲れるようにと技術を進めてきた。そのときに、村ぐるみで、あるいは村の有力者がお金を出して、そうやってコミュニティをつくり上げていったという気がします。

伏見　ボラとかサンマと似てますよね。来るのがわかってるから、そういうことができるわけですね。

有元　逆に、定置があるから、この時期、この季節になるとこういう魚が来ますというのがわかってくる。タイ国だと、刺網でカニとか、もう決まってますから。ある意味では、それ以上の展開がないままに画一化されちゃってる。

河野　恐らく漁村のほうが、農村に比べたらコミュニティ形成が若干遅れた。でもタイなんか、農村だってコミュニティはほとんどないわけですよ。日本は灌漑がコミュニティの基盤になりますが、タイは灌漑がないから基本的に農家1軒ごとで農業ができますからね。

黒倉　そうですか。

河野　タイ政府が農村を使った地域開発をやり出したのは、1980年代くらいからなんです。それで国からの資金配分の受け皿としてコミュニティが徐々にできていった。また逆に、コミュニティがあると自分たちのリクエストが政府に届くんだとわかり出したから、徐々にコミュニティが形成されてきた。この流れが、タクシンの時代になって、行政村レベルの開発公社の設立という形で制度化された。だけど、開発が目的でコミュニティ形成は手段なのか、コミュニティ形成が目的なのかというのは、ぼくは今でも議論が続いていると思いますね。

ただ、政府は細かいローカルな話までは首を突っ込めないという認識が少しずつ広がってきて、草の根ではそれぞれでやってくださいというかたちに落ち着きつつあります。

伏見　どうして1980年代に、そういう考え方が出てきたんですか？

河野　そのころから高度経済成長が始まっていって、都市中心の経済発展と農村の格差が顕在化してきて、農村をなんとかしないといけないと。

伏見　それで、お金を流す窓口として……

河野　そうです。だけど、国はそれほど豊かではない。丸抱えですべてを解決するほどの基盤はない。そうすると、国ベースではあるけど、受益者も参加する形での開発を考えないといけないという発想になった。

破壊なき開発を目指して

伏見　ぼくは浜名湖に行くようになって、クルマエビの種苗を放流しました。なんとかしたいなんてモチベーションは、地元には全くないわけですよ。それでもやらなきゃいけないからやったんだけど、たまたまそれが、浜名湖の漁業の基幹を成すいきもののひとつだったから、うまくいった。そして、そうやってクルマエビの種苗が入っていくことによって、それを中心にしたコミュニティみたいなものができあがってきた。

もちろん、そういうやり方が当たらないところ、意味のないところもあります。たとえば日本海側の各県でも全部やったんだけど、日本海にクルマエビ漁業なんかない。だからそんなのいくらやったって、そんなコミュニティができるわけがない。

でも、現場の技術屋たちは、本気になってやった。たとえば、八郎潟を埋め立てたときですが、八郎潟ってクルマエビの宝庫だったんですよ。あれを失ったから、日本海のクルマエビが駄目になってしまった。しかし、八郎潟がなくなったからクルマエビが駄目になったということがわかるのはずっと後ですから、そのときは埋め立ててなんとかしようと思うわけです。

埋め立てによる工場立地がなかったら、逆に社会的に失うものもあります。それをどうやって補完するか、元に戻すか。あるいは埋め立てた後に、どういうふうな社会として生きていくかということの視野がなかった。今頃になって気がついてきたんだけれども。

宮田 そこはすごく難しくて、ACの目指すところは環境破壊なき開発なんですが、途上国って多かれ少なかれ、何かを切らなきゃいけない。必要最小限の何かを失わないと経済発展が難しい状況にあります。

伏見 ヨーロッパは、それこそカエサルがガリアに広げていって、森林伐採して、畑を作ってできあがっていくわけでしょう。

２０００年前に自分たちがやったことを、いま東南アジアの人たちが、自分たちのところでなんとかしてやっていこうというときに、それはけしからんから、環境保全のためにマングローブを植え直せなんていうのはおかしい。かつて同じことをやったことで先進国になった国が、後進国にあとから禁止するのか。クジラもそういうところがあるじゃないですか。おかしいって言ってもしょうがない現実があるけど。

黒倉　われわれも今のところACというときには、かなり小さなACを考えるわけですよね。実地での合意形成と、それからもっと大きなライフスケールのところの合意形成をどうつないでいくかという問題は、ACにとどまらない問題として、依然としてあるんですね。

伏見　今回のプロジェクトでも、必ずどこかを破壊したり変えたりしなきゃいけない。養殖施設を入れるんであれば、そこの漁場を、多少なりとも変える必要がある。でもそれで大きくほかの生産性が上がったり、水質がきれいになったりするかもしれない。

黒倉　妥協することが目的なのか、パイを大きくすることが目的なのか。しかしわかってることは、パイを大きくしないと妥協はできない。

伏見　結局、明らかに戻せないぐらいの環境破壊はいけないいじゃないかと思うんですよ。

水産資源の公共性

河野　皆さんがおっしゃったように、経済的にもうかる方向で考えないといけないというのは大切だと思います。ただ、その際、短期的だけでなく、長期的にも考えようということが、きっと大事だと思うんです。何かやるにしても、その視点を忘れてはいけないと思うんですよね。

宮田　タイのクロンコン地区は漁場としては死んでるんですよね。そこはかつて工場があり、その排水等で漁場自体はほぼ駄目です。その後に、今何をやっているかと言ったら自分らでファンドを集めてリハビリテーションをしているんです。そうやって植林することが、今、収入源のひとつになってるんです。

渡辺　植林ツーリズム？

宮田　結構もうけている植林ツーリズムです。そこに水上レストランみたいなのがあって、そこでご飯を食べさせる。そこの魚は、地元で捕れた魚介類で、1匹の値段がめちゃめちゃ高くなってるんですよ。捕ってそのまま売ったら、たかが100円だけど、料理までやるから300円というように。これも基本的に、付加価値を付けて少量の資源を持続的に使うリハビリとしてのひとつの過程ですけど、でも考え方を変えていけば、このような漁場でも十分発展できる可能性があるということを示してもいる。

黒倉　結局、その地域の人がどう納得するかという話だよな。利害関係の構造をどうとらえて、どう納得するか。このあたりで納得するという妥協のポイントを示せるかという話だよね。

河野　コミュニティって、とにかくこの5年、10年のことだけ考えてる人もいれば、子や孫の世代のことまで考える人もいて、そういうみんなが合意できるかたちを探るのが、コミュニティの難しいところでもあるけれども、強みでもあるかなとも思うんですよね。

宮田　マングローブを伐採した養殖場も、企業がやっているんですよね。ほんのわずかな資本家が自然を破壊してるんです。それでその後に残ったのは、破壊されて収入源が得られない漁村です。だから、コミュニティが強くないと、そういう一部の金持ちだけが土地を破壊、利用して、その他多くの人々が苦しむことになる。コミュニティの方向性として、もし多くの漁業者がその自然を持続的に利用して、収入が高くなっていけるのであれば、非常に良いアイデアじゃないかなと思うんですね。

今、世界的に水産物の需要が増えていて、とうぜん価格が上がってきてるんです。日本も上がってます。だから、持続的に水産物を使って経済を発展させるのは、多分多くの途上国で通用する開発かなと思います。

黒倉　「水産物を使って」というところに、経済的な価値以外に水産物の特徴というポイントがある。やっぱり公共性があるじゃないですか。自分の土地でできたコメはおれのものだけども、水産資源には公共性がある。

宮田　たしかに、漁業の場合は、勝手に刺網を入れて「もうこれはおれのものだ」って言ったら、村八分どころか、刺されますよ。そういうのは成り立たない。あと、助け合いも結構してますよね。豊漁、不漁がやっぱりあるんで、不漁になったときの助け合いの習慣は、フィリピンとかもきちんとありますから。そういうところではコミュニティがつくりやすい。

河野　とはいえ水産物の公共性は、やっぱり徐々に囲い込まれてきてます？

黒倉　どうなのかな。

伏見　確かに日本の制度上では、公共物というこ とになってるけど、でもそういう漁業権制度は、持たない国のほうが多いわけだし。

黒倉　届け出制、ライセンス制はどうなんだろう。それだって、公共物だからできることですよ。

コミュニティをどう定義するか

渡辺　ACの場合、経済的にもうけるという問題と、もうひとつはコミュニティをどういう範囲として考えるかというのも、まだまだ議論があります。資源を直接利用している集団をコミュニティというふうにとらえるのか、もっと大きく、その村にいる全員なのか、あるいはその外にいる水産庁の役人や研究者、そういうところも全部含めたものをコミュニティとしてとらえるのか。その大きさがまだまだACのなかでは定義はされていないという問題があります。

さらに、今までだったら開発を考える場合に、資源を利用して、その生産性をいかに効率的に上げていくかということだけを考えていたところから、同じ利用者たちによるケアも考えないといけないという主張をしてます。

その中で、コミュニティをどう定義するかという点については、どう考えるべきでしょうか。

有元　ケアするところまでやれる人たちのことでしょう。

伏見　ただ行政官というのはサービス業だからね。だから基本的にはその地域のニーズに対してサービスしなきゃいけない。だからそのなかのスタッフとして機能しなきゃいけないと思うんです。

渡辺　たとえば伏見先生は、浜名湖などのコミュニティのなかに入ったかもしれないですけど。でも、水産試験場全員がコミュニティの内部かというと、また変わってくるじゃないですか。

伏見　今になってそう言われると非常につらいんだけど、自分自身の意識は、県の職員としてやらなきゃいけないことをやってきたという、そういうつもりだったよ。

黒倉　だから少なくとも、それぞれのコミュニティのなかに入り込んで、内部者的な感覚を持っている必要はあるんじゃないですか。

渡辺　だとすると、そういうところまでも、実はコミュニティのなかに入るんだということを、きちんと定義づける必要があります。

黒倉　もっといえば、コミュニティの資源を直接利用している側にそういう人間を引きずり込むスキルがないと駄目だよね。

伏見　公務員は道具なんですよ。だから、道具として使わなきゃいけないんですよ。

黒倉　ただサイズ的に言うとね、今までの議論でもわかるように、エリアを無限に拡大すると、全く意味がなくなるね。

渡辺　はい。

黒倉　では、どのくらいのサイズがいいかとなると、そこの合意ができるような大きさだよな。その大きさがどうあるべきかは、やっぱりある程度、実地で試行錯誤をやらないと、わかってこない。

有元　海はだれのものか。海の魚はだれのものかって、漁業権があるところですら、もめるわけですよね。そう考えると、最初のコミュニティというのはユーザーだと思う。そこからサイズが大きくなって膨らんでいくということになる。

消費者と情報

河野　宮田さんが、タイの漁業はどこに行っても同じだと言っていましたが、あれは漁家の問題というより、実際海にいる魚の問題かもしれないですけれど、要するにタイ社会がシーフードをそんなに食べないんですよ。

渡辺　ぼくもね、そこは引っかかってたんです。自分たちで旬のものを食べようという、そういう感覚を持ってない。

河野　カニとかイカとかは、わりと食べていると思うんですけど、いろいろな種類の魚を、それなりにおいしく料理して食べるみたいな、そういう料理がないんですよ。

伏見　そういう意味では、日本だって今みたいにシーフードを食べるようになってから、たいして長い時間はたってないですよ。コールドチェーンができたのは昭和40年代ですから。昭和39年にぼくが大学入ったとき――東京オリンピックの年ですが――各家庭には冷蔵庫が入ったかもしれないけど、とにかくお魚屋さんというのはまだ、トロ箱並べて氷敷いて売ってた時代ですよ。お刺身なんて、年に1回食べるか食べないかみたいな、それこそハレの食べ物だった。それからコールドチェーンができて、それで初めて流通量が増えていくわけでしょう。

河野　そうそう。1983年に私が初めてタイに長期滞在したとき、バンコクにはシーフードはありましたけど、お店の数はごく限られていました。1990年ごろ、ヤソトンという東北タイの地方都市に住んでいたのですが、そのときは、週に1回、冷蔵車がバンコクから魚を運んできて、その日だけは、生がきが食える。ハノイだって、シーフードが豊富に出回るようになったのは1990年代の中頃ですよ。東南アジアでシーフードを食べる習慣が広まったのはごく最近です。

漁獲物を多様にするためには、そこも考えないといけない。そうすると、コミュニティを考えるときに、漁業者だけが考えていても駄目で、食べる人、あるいはレストランとか、そっちにも広げていくというのは、ひとつの考え方かもしれません。

黒倉　日本の漁業協同組合だって、流通加工について考えてる人は極めて少ない。それがために、彼らの利益率は低いんですよ。

宮田　そう考えると、ACのサイクルのなかに「情報」がないですよね。情報が入ることで、活性化していかなきゃいけない。

渡辺　何をケアするか、だれがケアするかという問題について、料理屋さん、レストランまでがケアをするか、という点ですね。

宮田　やっぱり、実質的にケアする人までがコミュニティの内部だと思いますよ。

渡辺　そうですね。

宮田　あとはユーザーですよ。

河野　何が資源かを決めるのは、消費者だから。

黒倉　資源があって、消費する人がいて、それをつなぐ人がいて。もうひとつ、それを使う文化がないと、資源は資源たり得ない。

伏見　だから、ローカルにそういうサークルがいくつもあって、それらが全部、ぐるぐると回っているような、そういうサイクルが要るんだよ。

黒倉　でも、震災復興のときに某町で、漁業者がもうかるようにいろいろ仕掛けをやったんです。ものすごい鮮度の高いところでフリージングしたら、もうかるだろうとか。でもやってくれない。どうしてかな、地方の流通関係者が全員反対した。

伏見　だってそうしたら、流通関係者はみんな困る。

黒倉　それは漁業者自身が困ると思わないと駄目だよ。

有元　品質が最高のものが売れるとは限らないですよ。

宮田　多分、その通りですね。そういうものを発見するという意味においても、やっぱり「情報」がないと、うまく回らない。

黒倉　生産者自らがそれを見つけに行くという気概を持たなきゃいけない。

地の人、風の人

有元　生産者自身の中から出てくればいいんですけども。われわれがやってるのは、第三者としてまず入っていって、それが外因となって動き始める。そしていつの間にか、当事者になっていく。そして当事者として絡んで、仕事を始めて、結果が出てまとめるときになって、もう一度、第三者として外部に出て、見直している。そういったものが必要なんじゃないかな。

伏見　そういう技術とか、食べ方などは、外部から持ってくるのが一番簡単だと思いますね。第三者からの視点として。

渡辺　今回の本の中でも、たとえばイルカウォッチングも、結局始めたのはそこの中にいる人ではなくて、高知県に住んでた人が移住してきたからです。高知県でホエールウォッチングが流行っていて、天草にはイルカが年中いるんだったら、イルカもいけるというような、そういう外部からの情報があったからこそです。

伏見　情報の話になっていますが、最初の何もないときに、何がものごとを動かすのか。何もないと動かない。その何かとはなんだろう。

黒倉　駆動力みたいなもの。

伏見　私の場合はさっき言ったみたいに、クルマエビのことは何も知らなかったのに、国に無理やりやらされた。それが結果的にうまくいっただけのこと。

宮田　駆動力には、プライドや仲間意識、あるいは利益など全部入ると思いますけど、さっきの話でいえば、実は第三者からの情報が必要なのかも。

渡辺　イルカウォッチングもそうで、あの中には漁業者がひとりもいなくて、観光業者もいなかった。町の電気工とか塩を採ってた人とか、ただの地元の人が、ただそのときに何かしたい、何かが問題だと思っている。たとえば、この町は人が全然来なくて寂しいから、なにかにぎやかなことをしようとか。そこに外から何かの駆動力、始動力みたいなトリガーが入って、それがマッチングしたときに、そこでの潜在的な何かが資源化されていく。そういう偶発性のなかで始まるというのが、ACの事例を見つけていくなかで多かったですね。

黒倉　だから、ほっといたら自動的に何かが始まってくるというものではないね。

伏見　この間、ある共同セミナーをやったときに関連した話がありました。「地の人、風の人」というのですが、「地の人」はそこに住んでる人。「風の人」は、ある日どこからかやってきて、いつか過ぎ去っていく人。ぼくは「先生は地の人かと思っていたら、風の人だったんですね」って言われちゃって。最初の駆動力って、何かの風なんだよね。

宮田　漁業関係では、リーダーシップやツールを持っているのは地の人が多い。

伏見　その地の人が、動きだす動機を与えないといけない。強く思ってる地の人が動き出すんですけど、そんな人、滅多にいないんですよ。定型的に考えて、ここでうまくいったから、次はこっちで同じことをやろうといっても、地の人が動き出さない限り、通用しない。

ACを動かすプレイヤーたち

渡辺　これからのACをどう考えるかという点ですが、たまたまやる気のある地の人がいて、そこにたまたま風が吹いたからというふうに片付けてしまっていいものかどうか。あるいはそれ以上の指導や方向付けができるのか。

伏見　地の人がいなかったら、そもそも何もできないわけだ。その人たちのモチベーションをどうやって作り出すかということなんでしょうね。それが風が吹くということかもしれない。有元さんにしても私にしても、風の人として入っていったはずが、いつの間にか地の人になっていて、プレイヤーとして機能するんですね。評論家でもなければ、外部指導者でもなく、プレイヤーになるんですよ。それがやっぱり大事なんだろうと思うんです。

黒倉　風の人というのは、最初はやはりある種の異質者なんだね。既往の価値観や従来のスキル以外のものを持っている人。

有元　今、各地で地域起こしプロジェクトをやっていますが、まさにそれですよね。無理やりでも異質な人間をはめこむんです。うまくいくかはわかりませんが、それで何かやってもらおうとする。

黒倉　たとえばぼくは、漁業活動のための技術者として女性を使えと提案しています。女性は漁に出ないわけだから、売るということだけに注目して水産物を見ている。彼女たちの目は、漁師の男の目とは違うと思うよ。そういう異質者としての女性をどれくらい取り込むかということ。

伏見　そういう意味では、それぞれの地域のなかでプレイヤーとして機能できていない人たちをメインプレイヤーとして入れて、全体を動かしましょうということなのかもしれない。

渡辺　それと、地元の研究者も使わないといけない。われわれはこういう方法があるということを教えることはできるけど、そこに居続けることができませんから。そこで中心になっていくのは、地元に居続けるリーダー。リーダーがいなければ行政。行政が駄目だったら研究者。

宮田　フィリピンだと、一番尊敬されているのは、バランガイ・キャプテン。次はバランガイ・オフィサー。町長のほうが上だと思ってたら違ったんです。地元のすぐそこにいるリーダーのほうが、尊敬を集めていることが多い。

黒倉　フィリピンは下に行けば行くほど、デモクラチックだからね。

伏見　そういう地元で尊敬されている人がリーダーになる可能性はありますよね。その人が、ACの考え方を理解してくれれば、やりやすいですよ。地域の人がみんな支援してくれるから。そういった、その地域ごとのあり方や業態をよく研究することが重要です。

河野　それは研究者にとってもそうなんだよ。研究者がプレイヤーになったら、研究者としてもう生きていけないと思うんだね。

伏見　そうですね。無理ですね。

河野　無理ですよね。だけど、研究者が地域へ出ていかないと、世界は変わっていかないんですよ、きっと。だからアカデミズムがどうやって動くかも大きな課題ですね。

これからのACを考える

渡辺　たとえばこれからACを、もう1回どこかのプロジェクトでやり始めるとなったら、今後の展開として、どういうことが考えられますか。

伏見　絶対忘れちゃいけないのはさ、自然科学をベースに置いているから、技術的な問題が起きたときに、解法が示されないようなチームではいけない。

宮田　漁業管理研究の分野で反省点があるんですが、たとえばタイの漁民がワタリガニの漁獲量は減ってる、減ってると言っているが、ものすごい漁獲量なんです。あれだけの漁獲量がどうやって維持できているか、本当は分析したかったですね。このポイントを超えて獲ってしまったら資源枯渇かもしれないというような、そういうことも分析してほしかった。まず、なぜ成功しているかの分析。次に、もし超えてしまったら大変なことになるという可能性の分析。さらにいえば、もっとこういうことをすれば、さらに資源が増えるかもしれないといった分析も欲しい。そういうところまでそろってのACだと思うので。

有元　私自身のACサイクルの図を描いてみて、なるほど、自分がやっていたのはこういうことだったんだというのが描けたんですね。だから今後は、具体的な細部のところまで、自分のフィールドのACサイクルを描いてみなさいと提案したいですね。地域の宝を発見、あるいは再発見するために。何も書いてない白地図みたいなテンプレートを作って、それに描き込むことで何が抜けているか、何が弱点か分析できるようになると面白いなと思います。

宮田　学生に、どこか現場に連れていって描かせたら面白い。

有元　うちの院生にやらせたんですよ。そうしたら、できないんです。われわれはACについて研究会で何回も勉強して、いろいろな話を聞いてるからできるけど、上のハーフ、下のハーフなんていうのは結構難しいことなんだ。

宮田　やっぱり将来的には、学生がパッと見てすぐ使えるテンプレートを作らないといけないですね。

伏見　それには、先生のほうが変わらないと。

教育してる側にそういう視点が全くなければ難しい。ぼくらが学んできたことの知識を使って、現実に向き合うときに、どういう見方ができるか。ところが、えてして多くの学生は、教わった知識をみんな整理して引き出しにしまっちゃう。そしてその都度、引き出しをひとつずつ開けるようなかたちで知識を参照する。でも、そうでなくて、みんなひとまとめにして一緒くたに使わなきゃいけない。そういう、総合して知識を使うことをトレーニングするのが、なかなか難しい。

黒倉　それは今の教育の問題でもあるんだけど、いつそれを教えるかという問題がある。本当は高校生とか、大学1年生とか、そのくらいのときにリアルにものを考えるというのはこういうことなんだと、アクティブラーニングみたいなことをやっておかないと。できあがっちゃってからは難しいですよ。

伏見　ドクター出たぐらいが一番ゴチゴチだよね。

黒倉　おそらく彼らには、ぼくらのやってることがサイエンスとは思えないでしょうね。多くの子は、個別知識でものが解決すると思ってる。

河野　うん、確かに。

宮田　最近、特に農学系の学生は地方振興みたいなことにみんな興味を持ってるんじゃないかと思うんですよ。この間、東北大の学生と話をしてたら、町役場で働きたいって言うんですよ。その理由は、地域振興するためだと。

有元　ここ（東京海洋大学）の学生もそう言ってた。ドクター、マスターが漁村振興に興味がありますと言っている。

伏見　そういう学生って、お上目線で指導すると考えてないかな。だとしたら違うと言いたい。おまえはプレイヤーになるんだと。どんくさくて、汗かいて、気がついたらどうにかなってたという世界であって、ある問題があってこうやって解決したら地域振興です、だからこうやりましょう、みたいな図式的な話じゃない。この地域で何が必要なのかという、何もないところから始まるわけだから、その覚悟があるんだろうなと、言ってやらなきゃいけないね。

おわりに

エリアケイパビリティーやACサイクルの話をしたとき、必ず受ける質問がいくつかある。そのひとつが、「自然が大切なのはわかるが、やっぱりお金でしょう」というものである。確かに、日常において、収入が増えることは、生活における選択肢を増やし、生活を豊かにしてくれる。反対に、いくら沢山の資源へのアクセスができていても、収入が減少するようであれば、豊かさは感じられない。このため、エリアケイパビリティーでは、資源の有効利用を重要視しているし、ACサイクルの効果を評価する場合に、収入の向上を含めるべきなのかもしれない。一方で、収入が増えなくても、島に戻る若者たちを見ていると、もしくは、彼らにも当てはまる一般則を考えるならば、ACサイクルが完成することによる、自由度および選択肢の増加に着目すべきなのだろう。この点は、もう少し強く主張すべきかもしれない。

他には、地域に資源がない場合はどうなのか？　利用者間の競争と軋轢は生じないのか？　という質問や意見を受けることが多い。これらの内容に関しては、関連書籍である『地域と対話するサイエンス――エリアケイパビリティー論』の第3部第2章および第5章に述べているので詳しく知りたい方は、そちらを参照してほしい。ここでは簡単に述べることとする。

まず、資源がないということであるが、人が生活している場において、利用しうる資源がないということは、そもそも想定できないであろう。確かに、資源が多い地域と少ない地域はあるだろう。しかし、その場所の自然やその社会の歴史を入れ替えることはできないのだから、地域間の資源量を比較することには意味がない。それぞれの場所で、それぞれの社会で、身の回りにある地域資源を増やすことこそが重要なことなのである。

次に、利用者間の軋轢であるが、資源利用をそれぞれの資源毎に利用者コミュニティーが担うとしている点を再確認していただきたい。また、エコシステムアプローチや統合的沿岸域管理が、地域に様々なステークホルダーが含まれるひとつの組織とひとつの生態系を想定しているのに対し、エリアケイパビリティーでは、資源毎に利用者コミュニティーを設定している。このため、利用者コミュニティーは利害関係が一致するために、その中での資源利用に関する軋轢や競争は生じない。そのかわり、その土地で暮らす人々には、沢山の利用者コミュニティーに参加し、沢山の地域資源の利用可能性を高めていただきたいと考えている。

最後に、エリアケイパビリティーは、生物多様性や文化多様性が高い農山漁村地域や途上国での社会のあり方を求めたものである。その意味では、都市域や高度に工業化したエリアの問題解決には不向きかもしれない。エリアケイパビリティーでも、他の理論やアプローチでも、どれかひとつの方策で、地球上すべての問題に適応できるオールマイティーな答えや方策はないであろう。場当たり的、ケーススタディーと批判する意見もあるかもしれないが、多様性の重要性を説きつつ、単一の答えをもとめる現代の科学的アプローチ自体がむしろ矛盾しているのではないかと考えさせられる。

今も、世界では約7億9500万人が飢餓に苦しんでいる。これは食料生産量が不足しているのではなく、分配の不公平があるからである。また、一方で生産された食料のうち、その3分の1近くは廃棄処分となり、ゴミ問題を引き起こしている。なぜこのような社会になってしまったのか、考えなくてはならない。将来、肥料やエネルギーがなくなる時代では、今のような食料生産は行えないといわれている。その一方で、世界人口は増え続けていく。そう遠くない未来、食料の絶対量が足りなくなるだろう。その時に、今と同じ経済システムが機能するとは思えない。最近では、イノベーションの重要性が謳われている。新しい技術の創造が、人類に恩恵を与えてくれるのは確かだろう。ただし、単に新しい技術ができあがれば、必要とされているイノベーションが起きると考えるのは間違いであろう。それならば、特許の数を競えばよいが、いくら特許が増えてもそれが活用されなければ、意味がない。技術にはそれを活用する人とその活動を支持し、新たな価値創造を受け入れる社会の構築が不可欠なのである。ACサイクルはこの点を十分考慮している。

エリアケイパビリティーは、生まれたての雛のような考え方である。まだまだ改良し、成長する余地が残されている。この考え方に少しでも興味を持たれたならば、従来の理論や考え方から少しだけ離れて、身の周りの社会に関心を持っていただきたい。そして、エリアケイパビリティーが目指す世界の可能性について考えてみてほしい。きっと、周りに沢山の地域資源とACサイクルが見つけられると思う。この本がそれら地域の宝を発見するきっかけとなってくれることを願っている。

2017年3月

石川智士
渡辺一生

謝辞

本書は、総合地球環境学研究所「東南アジア沿岸域におけるエリアケイパビリティーの向上」プロジェクト（ACプロジェクト、No.14200061）の成果をもとに編まれたものである。プロジェクトの実施ならびに本書の執筆に際しては、以下の研究機関・個人の方々に多大なご尽力を賜った。本来であればひとりひとりの貢献に対して感謝の言葉を述べるべきであるが、紙幅の都合もあり、敬称略で以下に列記することをご寛恕願いたい。また、本書は、国内外のACプロジェクトメンバーのさまざまなアイデアと助言がなければ完成し得なかった。この場をお借りして、厚く御礼申し上げます。

なお、本書の出版に際しては、勉誠出版の岡田林太郎氏に献身的なご助言とご協力をいただきました。深く感謝いたします。

愛知県西尾市役所／愛知県東幡豆漁業協同組合／アクラン州立大学（フィリピン）／天草エアライン／天草海鮮蔵／天草市企業創業・中小企業支援センター（Ama-biz）／天草宝島観光協会／石

垣市役所／イルカクラブ／魚直／栄美屋旅館／岡田屋／カセサート大学水産学部〔タイ〕／熊本県天草市役所／クロンコン・マングローブ・コンサーベーションセンター〔タイ〕／国際サンゴ礁研究・モニタリングセンター／国立遺伝学研究所／国立国語研究所／静岡県温水利用研究センター／静岡県栽培漁業センター／静岡県水産試験場（特に浜名湖分場）／静岡県農林水産部水産課（特に水産振興係、調整係、同漁港課）、静岡県浜松市水産振興担当部局／静岡県浜名漁業協同組合（白州支所、村櫛支所、雄踏支所、新井支所、鷲津支所、入出支所、同袋網実行会、アサリ組合）／タイ王立東部海洋漁業研究開発センター〔タイ〕／通詞島沖合イルカウォッチング安全運行協議会／東京大学生産技術研究所／東南アジア漁業開発センター（訓練部局、事務局、養殖部局、資源開発管理部局）〔タイ、フィリピン、マレーシア〕／フィリピン大学ビサヤ校〔フィリピン〕／丸健水産／民宿イルカ館／民宿鈴喜館／八重山青年会議所

Abegaile S. Busquit/ Alemar David/ Alice Ferrer/ Alvin Bantiquete/ Anukorn Boutson/ Aussanee Muprasit/ Mr. Bibong/ Chumnarn Pongsri/ Didi Baticados/ Harold Monteclaro/ Jariya Sornkliang/ Jinky Hopanda/ Jintana Salaenoi/ Joebert Toledo/ Joellen Espallardo Laurio/ Jon Altamirano/ Jurgenne Honculada Primavera/ Kamolrat Phuttharaksa/ Mahyam Mohd Isa/ Methee Kaewnern/ Monton Anongponyoskun/ Nantapon Suksamran/ Nathaniel Añasco/ Nerissa Salayo/ Nopporn Manajit/ Peeniti Rattanapongthara/ Ratana Munprasit/ Rattana Tiaye / Resurreccion Sadaba/ Ricardo Babaran/ Rommel Espinosa/ Sirisuda

Jumnongsong/ Sumitra Ruangsivakul/ Suriyan Tunkijjanukij/ Taweekiet Amonrpiyakrit/ Thanyalak Suasi/ Theresa Marie Ermeje/ Udom Khrueniam/ Weerasak Yinguid/ Yasmin Primavera Tirol / Yuttana Theparoonrat

秋道智彌／東 照雄／阿部健一／阿部 寧／池本幸生／石川金男／石井 馨／入江一徳／岩坪大祐／内山 隆／江添和春／大島泰雄（故人）／岡本純一郎／荻野直樹／加藤 登（故人）／加藤雅也／加藤泰久／川端繁人／川村 始／木口精二／木部暢子／清野聡子／蔡 龍毅／渋野拓郎／関野 樹／千賀康弘／津端英樹／中野伸哉／永田章一／野崎 健／野崎多喜子／野中 忠／野間英樹／濱野 功／濱谷 忠／林 浩昭／本間昭郎／松岡達郎／松岡勇樹／松本憲二／松本健二／村上恭子／村松 伸／門司和彦／山川 卓／吉村孝司／渡邉英直

静岡県浜松市、愛知県西尾市、富山県氷見市、熊本県天草市、沖縄県石垣市、福島県西白河郡矢吹町の関係者の皆様／タイ国ラヨーン県の定置網漁業グループの皆様／フィリピン国パナイ島のアルタバス町、バタン町、ニューワシントン町の関係者の皆様／その他、プロジェクトに参画・ご協力いただいた皆様

執筆者一覧（掲載順）

石川智士（いしかわ・さとし）
最終学歴：東京大学大学院農学生命科学研究科水圏生物科学専攻修了、博士（農学）
現職：総合地球環境学研究所教授
専門分野：国際水産開発学、地域研究、保全生態学
主著・主要論文：
『エリアケイパビリティー―地域資源活用のすすめ』（編著、総合地球環境学研究所、2015年）
『幡豆の海と人びと』（編著、総合地球環境学研究所、2015年）
「ウナギ属魚類の集団構造と種分化」（西田睦編『海洋の生命史―海洋生命系のダイナミックス1』東海大学出版、2009年）
「「つくる漁業」の国際展開―フィリピンでのエビ放流事業」（『BIOSTORY』22号、2014年）

黒倉　壽（くろくら・ひさし）
最終学歴：東京大学大学院農学系研究科水産学専攻課程修了、博士（農学）
現職：東京大学名誉教授
専門分野：水産増殖学、水産開発学
主著・主要論文：
Ryutaro Kamiyama, Tsutomu Miyata, Hisashi Kurokura and Satoshi Ishikawa, "The impact of distribution changes in Southeast Asia: a case study in the Batan Estuary, Aklan Central Philippines", *Fisheries Science* 81, 2015, pp.401-408.
「『社会科学』の基礎としての海洋教育―水産学からの提案」（東京大学海洋アライアンス海洋教育促進研究センター編『海洋教育のカリキュラム開発―研究と実践』日本教育新聞社、2015年）
「水産学の立場からナマズを考える」（『ナマズの博覧誌』誠文堂新光社、2016年）

伏見　浩（ふしみ・ひろし）
最終学歴：東京水産大学大学院修士課程修了、博士（農学）
現職：ICRAS株式会社代表取締役
専門分野：水産増殖学
主著・主要論文：

Kawamura Hajime, Tsuyoshi Iwata, Yuttana Theparoonrat, Nopporn Manajit, and Virgilia T. Sulit. (eds.), *Improvement of Stocking Efficiencies*, Training Department, Southeast Asian Fisheries Development Center, Samutprakan, Thailand, 2016.

"Relationship between oxygen consumption, growth and survival of larval fish", *Aquaculture Research* 43, 2012, pp. 679–687.

"Production of juvenile marine finfish for stock enhancement in Japan", *Aquaculture* 200, 2001, pp. 33-53.

渡辺一生（わたなべ・かずお）

最終学歴：岐阜大学大学院連合農学研究科生物環境科学専攻修了、博士（農学）

現職：総合地球環境学研究所上級研究員

専門分野：地理情報学、地域研究

主著・主要論文：

『エリアケイパビリティー―地域資源活用のすすめ』（編著、総合地球環境学研究所、２０１５年）

「泥炭湿地林の減少とアブラヤシおよびアカシア林の展開過程」（川井秀一、水野広祐、藤田素子編『講座　生存基盤論　第4巻　熱帯バイオマス社会の再生―インドネシアの泥炭湿地から』京都大学学術出版会、２０１２年）

「タイの社会と稲作―地域に根ざした生き方と知恵」（佐島隆、佐藤史郎、岩崎真哉、村田隆志編『国際学入門―言語・文化・地域から考える』法律文化社、２０１５年）

濱田信吾（はまだ・しんご）

最終学歴：インディアナ大学（人類学博士）

現職：大阪樟蔭女子大学学芸学部専任講師、インディアナ大学人類学科外来研究員

専門分野：環境人類学、フードスタディ

主著・主論文：

「北環太平洋における歴史生態学―ニシンを事例として」（『北海道民族学』11号、２０１５年）

Hamada, S., R. Wilk, A. Logan, S. Minard, and A. Trubek. "The Future of Food Studies." *Food, Culture & Society* Vol.18 (1), 2015.

Hamada. S. "Trash Fish: Food Preference and Local Identity in a Coastal Fishing Community in Hokkaido, Japan". *Anthropology News* 53(8), 2012.

有元貴文（ありもと・たかふみ）
最終学歴：東京水産大学大学院漁業学専攻修了
現職：東京海洋大学教授
専門分野：魚群行動学
主著・主論文：
『魚はなぜ群れで泳ぐか』（大修館書店、２００７年）
『魚類の行動研究と水産資源管理』（恒星社厚生閣、２０１３年）
『水産海洋ハンドブック』（生物研究社、２０１６年）

武田誠一（たけだ・せいいち）
最終学歴：東京水産大学専攻科漁船運用学専攻修了
現職：東京海洋大学教授
専門分野：海上安全工学
主著・主論文：
『水産学用語事典』（恒星社厚生閣、２００１年）
『ロボット工学ハンドブック』（コロナ社、２００５年）
『水産海洋ハンドブック』（生物研究社、２０１６年）

馬場　治（ばば・おさむ）
最終学歴：東京大学大学院農学系研究科博士課程修了、博士（農学）
現職：国立大学法人東京海洋大学海洋科学部教授
専門分野：水産経済学
主著・主要論文：
「ローカルSMと地元卸売市場との連携―差別性を産みだす卸売市場流通」（『漁業経済研究』61（1）２０１７年）
「東京湾を漁る」（川辺みどり、河野博編『江戸前の環境学』東京大学出版会、２０１２年）
「沿岸域の利用と地域振興」（『海洋再生エネルギーの市場展望と開発動向』サイエンス&テクノロジー株式会社、２０１１年）

吉川　尚（よしかわ・たかし）
最終学歴：東京大学大学院農学生命科学研究科水圏生物科学専攻博士課程修了
現職：東海大学海洋学部准教授
専門分野：沿岸環境学、生物海洋学

主著・主論文：
『幡豆の海と人びと』（編著、総合地球環境学研究所、２０１６年）
『幡豆の干潟探索ガイドブック』（編著、総合地球環境学研究所、２０１６年）
Yoshikawa, T., Murata, O, Furuya, K, and Eguchi, M. "Short-term covariation of dissolved oxygen and phytoplankton photosynthesis in a coastal fish aquaculture site". *Estuar. Coast. Shelf Sci*, 74, 2007, pp.515-527.

堀　美菜（ほり・みな）
最終学歴：東京大学大学院農学生命科学研究科博士課程修了
現職：高知大学教育研究部総合科学系黒潮圏科学部門講師
専門分野：国際水産開発論
主著・主論文：
「湖の人と漁業―カンボジアのトンレサープ湖から」（秋道智彌、黒倉寿編『人と魚の自然誌―母なるメコン河に生きる』世界思想社、２００８年）
Hori, M., S. Ishikawa,P. Heng,S. Thay,V. Ly,T. Nao and H. Kurokura, "Role of small-scale fishing in Kompong Thom province, Cambodia", *Fisheries Science* 72(4), 2006.
Hori, M., S. Ishikawa, and H. Kurokura, "Small-scale fisheries by farmers around the Tonle Sap Lake of Cambodia" 185-196 in: W. W. Taylor, A. J. Lynch, and M. G. Schechter, (eds.), *Sustainable fisheries: multi-level approaches to a global problem*, American Fisheries Society, 2011.

宮田　勉（みやた・つとむ）
最終学歴：水産大学校
現職：水産研究・教育機構中央水産研究所漁村振興グループ長、岩手県立大学客員教授、北里大学非常勤講師
専門分野：水産社会経済学
主著・主論文
Miyata, T. "Reducing overgrazing by sea urchins by market development." *Bull Fish Res Agency* 32, 2010, pp.103-107.
Miyata, T. and H. Wakamatsu "Irrational reputational damage on wakame seaweed in Sanriku district after

the Fukushima nuclear disaster : revealed preference by auction experiment." *Fisheries Science* 81(5), 2015, pp.995-1002.

「国際ブランドとしての岩手県産〝吉品乾鮑〟の価値と課題―地域資源の価値創造のために」（『国際漁業研究』14、2016年）

西　真如（にし・まこと）

最終学歴：京都大学大学院アジア・アフリカ地域研究研究科アフリカ地域研究専攻修了、博士（地域研究）

現職：総合地球環境学研究所上級研究員

専門分野：医療社会学、文化人類学

主著・主要論文：

「公衆衛生の知識と治療のシチズンシップ―HIV流行下のエチオピア社会を生きる」（『文化人類学』81巻4号、2017年）

「健康格差とユニバーサル・ヘルスケア―エチオピアを事例に」（佐藤隆、佐藤史郎、岩崎真哉、村田隆志編『国際学入門―言語・文化・地域から考える』法律文化社、2015年）

「熱帯社会におけるケアの実践と生存の質」（杉原薫、峯陽一、佐藤孝宏、和田泰三編『講座生存基盤論第5巻　生存基盤指数』京都大学学術出版会、2012年）

河野泰之（こうの・やすゆき）

最終学歴：東京大学大学院農学系研究科博士課程修了、農学博士

現職：京都大学東南アジア地域研究研究所教授

専門分野：東南アジア研究、自然資源管理

主著・主要論文：

『論集モンスーンアジアの生態史 第1巻 生業の生態史』（編著、弘文堂、2008年）

『地球圏・生命圏・人間圏―持続型生存基盤とは何か』（編著、京都大学学術出版会、2010年）

『地球圏・生命圏の潜在力―熱帯地域社会の生存基盤』（編著、京都大学学術出版会、2012年）

清水　展（しみず・ひろむ）

最終学歴：東京大学大学院社会科学研究科文化人類学専攻課程修了、社会学博士

現職：京都大学東南アジア研究所教授

専門分野：文化人類学、フィリピン・東南アジア

研究
主著・主論文：
『新しい人間、新しい社会―復興の物語を再創造する』（編著、京都大学学術出版会、2015年）
『草の根グローバリゼーション―世界遺産棚田村の文化実践と生活戦略』（京都大学出版会、2013年）
『噴火のこだま―ピナトゥボ・アエタの被災と新生をめぐる文化・開発・NGO』（九州大学出版会、2003年）

地域《ちいき》が生《う》まれる、資源《しげん》が育《そだ》てる
エリアケイパビリティーの実践

編者　石川智士
　　　渡辺一生

発行者　池嶋洋次

発行所　勉誠出版㈱
〒101-0051 東京都千代田区神田神保町三―一〇―二
電話　〇三―五二一五―九〇二一㈹

二〇一七年三月三十一日　初版発行

印刷　太平印刷社
製本　大口製本
組版　堀江制作
装幀　黒田陽子（志岐デザイン事務所）

ISBN978-4-585-26001-1　C1062

地域と対話するサイエンス
エリアケイパビリティー論

ACとはどのような考え方なのか。地域の自然環境にどのような好影響があり、人々にどのような社会的・経済的恩恵があるのか。ACの可能性を追究する理論編。

石川智士・渡辺一生 編・本体三二〇〇円（+税）

水を分かつ
地域の未来可能性の共創

コミュニティと共に望ましい水管理のあり方を探る。フィールドに乗り込んだ研究の全成果。人類にとってかけがえのない水資源、その管理のための人類の叡智。

窪田順平 編・本体四二〇〇円（+税）

アジアの人びとの
自然観をたどる

森林・河川・沿岸域など、共有資源（コモンズ）をめぐる社会経済史とガバナンス。民俗学、言語学、環境学の視座から、自然と文化の重層的関係を解明する。

木部暢子・小松和彦・佐藤洋一郎 編・本体三八〇〇円（+税）

アジア遊学153
重要文化的景観への道
エコ・サイトミュージアム田染荘

一九八一年の村落遺跡調査から二〇一〇年の「重要文化的景観」の指定に至る道程を検証し、文献史学・考古学・民俗学など多分野から景観保存のあるべき姿を探る。

海老澤衷・服部英雄・飯沼賢司 編・本体二〇〇〇円（+税）

歴史GISの地平
景観・環境・地域構造の復原に向けて

古文書、古地図、遺物・遺構など多様な史資料の集約・可視化・時空間計量分析を図る情報学と、過去に生きた人々の日常生活の復原をめざす。

HGIS研究協議会 編・本体四〇〇〇円（＋税）

地域情報マッピングからよむ東南アジア
陸域・海域アジアを越えて地域全体像を解明する研究モデル

情報学の「眼」から地域情報のマッピング（写像）を介して、〈見えるうごき〉と〈見えないうごき〉をよみ、その全体像を理解する研究モデルを紹介する。

柴山守 著・本体五〇〇〇円（＋税）

オアシス地域の歴史と環境
黒河が語るヒトと自然の2000年

シルクロードと、南北異文化の交易路とが交差する「文化の十字路」黒河流域。人類の歴史において極めて重要なこの地で、環境問題を地球の歴史からとらえる。

中尾正義 編・本体三二〇〇円（＋税）

水と環境

水は歴史的、文化的、地域的な文脈に深く埋め込まれた存在である。水に恵まれた日本社会が、文化から環境までを視野に入れて今後何をなすべきか。

秋道智彌・小松和彦・中村康夫 編・本体三〇〇〇円（＋税）

水と生活

水の持つ様々な意味を日本の叡知を結集して追求。日本人が歴史の中で育んできた水の文化と技術は、貴重な世界共有の財産となり、世界の水問題解決に貢献する。

秋道智彌・小松和彦・中村康夫 編・本体三〇〇〇円（＋税）

水と文化

「水」と人の関わりをテーマに、自然のみならず、文化、社会、思想、文学、美術にまで視野を広げ、学際的な達成を問う。多彩な領域を統合する統合的な知の構築。

秋道智彌・小松和彦・中村康夫 編・本体三〇〇〇円（＋税）

アジアの出産と家族計画
「産む・産まない・産めない」身体をめぐる政治

アジア各国・各地域の20世紀後半から現在までのリプロダクション＝生殖の変化を跡づけ、比較の視野のもとに、その意味を多元的に考察する。

小浜正子・松岡悦子 編・本体三二〇〇円（＋税）

出産の民俗学・文化人類学

不妊治療、高齢出産、新型出生前診断…。医療の近代化を経て、複雑な様相を示すようになってきた現代の出産。日本の出産を近現代の流れの中で捉え直す。

安井眞奈美 編・本体三五〇〇円（＋税）